阶梯式 GIS 软件工程实践系列教程
——基础篇(第二版)

JIETISHI GIS RUANJIAN GONGCHENG SHIJIAN XILIE JIAOCHENG
——JICHUPIAN (DIERBAN)

叶亚琴　周顺平　左泽均　方　芳　胡茂胜　编著

中国地质大学出版社
ZHONGGUO DIZHI DAXUE CHUBANSHE

图书在版编目(CIP)数据

阶梯式 GIS 软件工程实践系列教程·基础篇(第二版)/叶亚琴等编著.—2 版.—武汉:中国地质大学出版社,2021.12

ISBN 978-7-5625-5217-8

Ⅰ.①阶…

Ⅱ.①叶…

Ⅲ.①地理信息系统-教材

Ⅳ.①P208

中国版本图书馆 CIP 数据核字(2021)第 270750 号

阶梯式 GIS 软件工程实践系列教程——基础篇(第二版)	叶亚琴 等编著
责任编辑:王凤林	责任校对:何澍语
出版发行:中国地质大学出版社(武汉市洪山区鲁磨路 388 号)	邮编:430074
电　话:(027)67883511　　　传　真:(027)67883580	E-mail:cbb@cug.edu.cn
经　销:全国新华书店	http://cugp.cug.edu.cn
开本:787 毫米×1092 毫米　1/16	字数:400 千字　印张:15.75
版次:2021 年 12 月第 1 版	印次:2021 年 12 月第 1 次印刷
印刷:湖北睿智印务有限公司	
ISBN 978-7-5625-5217-8	定价:38.00 元

如有印装质量问题请与印刷厂联系调换

再版序言

《阶梯式 GIS 软件工程实践系列教程——基础篇》自 2015 年出版以来,不仅用于学院每年的课程教学中,也被一些兄弟院校的相关专业采用。我们带着本书的成果参加了 2020 年中国计算机协会软件工程实践教学案例大赛,获得了与会专家的一致好评,并斩获第一名的好成绩。

本教材经过 6 年的使用后,出现了以下问题:①原有实践课程缺少思政教育,如何在软件开发基础课程中树立学生的"工匠精神"? ②软件开发环境的更新导致了课程教学方案、内容不匹配。③教学单元的启发性和学生主体性体现不足,有待改进。在教学过程中,通过学生和各位同仁的反馈,我们有了改版的想法。我们希望通过对本科实践教材《阶梯式 GIS 软件工程实践系列教程——基础篇》的改版,以"金课"建设为目标,落实教材建设工作,以学生为中心,合理提升学业挑战度、增加课程难度、拓展课程深度,切实提高学生解决复杂工程问题的能力。

有人问,这个教学案例与其他的教学案例相比,有什么特点或者不同,我的回答是我们的教学案例可谓形神兼备。首先,本案例脱胎于实际工程项目,不是常见的信息管理系统。案例从数据结构设计到功能设计,各种软件设计文档齐备,有利于提升学生理解和解决复杂工程问题的能力;其次,进阶式教学方法的实施是本案例的另一个突出特点。本案例立足于整个大学学习过程,从这个视角看意味着案例的教学重点突出,凸显了以提升学生动手能力为中心的教学理念。

在学校努力构建跨学科专业交叉融合、教学与科研实践融合、创新创业教育与专业教育融合的"三融合"人才培养模式的思想指导下,中国地质大学(武汉)软件工程学科创办于 2002年,以软件与信息技术服务人才需求为导向,秉持创新型工程教育理念,注重学生知识、能力、素质的综合提高;通过与地球空间信息学科方向的交叉融合,在面向地理空间信息领域的软件工程学科建设及人才培养方面,形成了鲜明的特色和优势。

软件工程实践系列教程是教学团队潜心研发的成果,具有较好的教学积累。该课程先后获得 2018 年湖北省高等学校教学成果二等奖,2020 CCF 软件工程实践教学案例比赛第一名。为了进一步突出软件工程专业核心课程内涵,我们重新梳理了本教材,根据专业自身特点和现有条件,从根本上抓实践类课程建设的核心,构建以知识领域、知识单元、知识点形式呈现的专业知识体系。

本教材的上述特点与"金课"的高阶性、创新性和挑战度的要求具有较高的吻合度。高阶性是指与知识能力素质有机融合,培养学生解决复杂问题的综合能力。创新性指课程内容具有前沿性和时代性,学习结果具有探究性和个性化。挑战度要求课程具备一定的难度,需要跳一跳才能够得着。基于以上特点,本教材的出版有利于打造适合校本学生特点和培养需要的"金课"。

我们在撰写本教材过程中得到了各位同行的指点,此外,111202班以下同学帮助修改了附图,他们是马献彬、甘熙延、朱萌、张韬、李柏睿、那青,在此对他们的辛勤劳动表示感谢! 衷心希望广大师生对本教材提出宝贵意见,以便充实改进。

编著者

2021 年 12 月

序

地理信息系统(GIS)是在地理学、测绘科学和计算机科学等学科基础上发展起来的交叉性新兴学科,是研究地理信息采集、存储、管理、分析和应用的技术和工具。目前,GIS 在测绘、地理、地质、环保、国土、城市、农业、军事等领域得到了越来越广泛的应用,并渐渐发展成为一个产业。

GIS 本质上是利用计算机技术特别是软件技术,对地理信息进行加工并服务于各行各业的一种信息技术。伴随着网络技术和移动技术的推广普及,地理信息的应用范围不断扩大,已从初期的科研和为政府部门服务扩大到百姓的日常生活与各种商业领域,并从室内延伸到室外;应用深度也不断细化,从地图制作和应用发展到地理信息服务,其应用渗透到定位导航、生产调度、国情监测灾害监测以及其他行业,甚至发展到寻人、定向广告等具个性化的领域。

随着应用领域不断扩大,各种新型的 GIS 应用层出不穷,推动了 GIS 产业的快速发展,使 GIS 成为一个非常具有活力和发展前景的新兴领域,同时也带来了对 GIS 应用人才和软件开发人才的强烈需求。

为顺应学科和产业发展的需要,20 世纪 90 年代以来,国内越来越多的高校开办了 GIS 本科专业。截至 2010 年,开办 GIS 专业的高等院校已超过 200 所。

各校的 GIS 本科专业大多建立在地学相关专业或计算机专业的基础上,培养目标也大致分为两类:面向生产业务和面向软件开发。其中,面向生产业务的培养目标,主要是培养能够运用 GIS 知识和工具开展数据处理、制图的人才;面向软件开发的培养目标,主要是培养具有 GIS 知识,能够开展 GIS 相关软件设计和实现的软件工程师。

各高校 GIS 专业在培养 GIS 软件开发人才的过程中,利用各自的领域优势,制订了各具特色的人才培养方案,为国土、地矿、测绘、规划、交通、物流、农业、电信等领域输送了大批具有相应背景知识的软件开发人才。

中国地质大学(武汉)地理与信息工程学院是我国较早建立 GIS 专业的教学单位之一。学院结合自主研发 MapGIS 国产地理信息系统平台软件的经验以及学校地学背景,在专业定位上以培养面向地学信息化的软件人才为主要培养目标,十多年来为各领域输送了大批 GIS

软件开发人才,学生受到用人单位的普遍欢迎。

GIS 软件开发与其他行业软件开发一样,是一种对动手能力要求极高的工作。众多高校为了强化 GIS 软件开发人才的动手能力,安排了 GIS 软件操作、基础开发、二次开发等不同层次的实践教学课程,实践类型更是多种多样,包括课内实习、课程设计、综合实习、产学研、第二课堂、项目实践以及企业实习等。

虽然学院普遍重视实践教学,对形式和层次也进行了较合理的搭配,但 GIS 软件开发人才培养在实践内容方面依然普遍存在以下脱节现象。

1.实践内容相互脱节,缺乏主题将各门主要课程与主要实践进行有机联系。

(1)软件开发类课程实习与 GIS 课程脱节。如数据结构实习与 GIS 各种常用结构无关,高级编程语言实习与 GIS 软件开发知识无关。

(2)课程实习与课程实习之间脱节。如高级语言实习、数据结构实习、数据库实习、网络编程实习等相互脱节。

(3)基础实习与综合实习脱节。如数据结构、数据库等课程的课内基础练习与综合实习在练习内容、练习深度上没有很好地关联。

2.实践内容与实际需求脱节。各实践课程内容过于传统,与 GIS 基础知识关联度小,实现功能简单,与实际应用系统差距较大,在一定程度上降低了学生的学习兴趣。

3.各实践课程间缺乏系统性和连贯性,不利于强化和巩固知识点,实践教学质量难以保证。

4.综合实习没有标准化,对于要求高、综合性强的题目,对很多同学来说在问题和解决方案之间存在巨大的鸿沟,在有限的实习时间内难以圆满跨越。因为没有标准化,在综合实习环节同学们也难以利用研究生等辅助教学资源。

上述问题不仅导致学生在软件开发方面的能力参差不齐,而且学生的软件开发能力与社会需求严重脱节,因此需要一种将各门课程的主要知识点和技能与 GIS 软件开发有机结合起来的实践。通过一系列由易到难的实践,学生在实现有强烈应用背景的功能的过程中,自然而然地运用了各种知识点和技能,从而提高自己 GIS 软件开发的能力。这就是我们希望编写一套阶梯式 GIS 软件工程实践系列教程的初衷。

该阶梯式 GIS 软件工程实践系列教程期望达到下列目标。

(1)阶梯式:实践难度逐级提高,后面的实践基于前面的实践。

(2)系统化:考虑到不同年级之间、不同课程之间实践内容的更好衔接;课程实践设置与 GIS 系统挂钩,既关注知识点,也关注综合运用;实践的系统化与整体化。

(3)标准化:不同级别的实践内容标准化,便于教学实施和质量控制;便于授课教师、辅导老师、助研培训与备课;便于学生准备与开展实践活动。

(4)导向性与挑战性:阶梯式实践教学体系更具导向性,同时也能够满足创新能力强的学生的实践需求。

传统实践教学中,课程内实习是知识点的辅助练习,个性化项目实践和第二课堂则是培养创新能力的环节。该系列教程基于上述目标,旨在有效衔接和补充传统教学环节。

在万波、叶亚琴、方芳、杨林、左泽均、胡茂胜等几位老师的努力下,教学组终于完成了阶梯式 GIS 软件工程实践系列教程的基础篇、数据库篇和网络篇。基础篇面向大一到大二阶段的学生,重点训练学生的 GIS 软件开发基础技能,包括基础知识、编程语言、编程工具三位一体的训练;数据库篇面向大二到大三阶段的学生,重点训练学生的 GIS 软件开发专业技能,包括工程、系统和专业方向三位一体的训练;网络篇面向大三到大四阶段的学生,重点是 GIS 应用软件系统开发训练,特别是基于网络和地图服务的训练。

对于期望从事 GIS 基础软件开发的学生,从基础篇开始练习是不错的选择,然后选择数据库篇以加强数据库开发技能,最后再选择网络篇。

本册是基础篇,那些偏向基础软件开发的软件工程和计算机专业学生,可独立选择本教材作为实践指导书。

该系列实践教程是中国地质大学(武汉)地理与信息工程学院 GIS 和软件工程专业的教师十多年实践教学经验的总结,出版该教程既是为了教学,也是为了与兄弟院校分享经验。衷心期望广大师生对该系列教程提出宝贵意见,以便充实改进。

编著者

2021 年 12 月

目　录

第 1 章　实习目的及要求

1.1　实习目的

该实习通过开发点、线、区等图形的编辑、存储、查询和显示等功能，实现一个小型桌面图形编辑系统。

最终实现的图形编辑软件系统如图 1.1 所示。

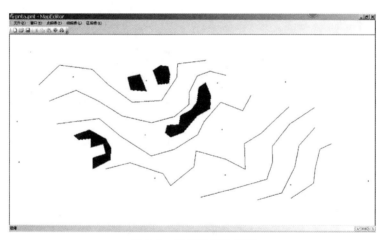

图 1.1　实习结果示意图

各项练习从熟悉基本编程环境和程序调试方法开始，由易到难逐步实现各项功能。在循序渐进的练习中，除了需要不断编写新代码外，对已有的代码也要不断重构，以保证所实现的功能在操作上一致。因此，随着练习的深入，逐步实现第一个目的。

目的 1　在编程语言、数据结构、几何图形学、Windows 绘图方法、编程工具和调试环境等方面都得到反复的综合性的训练，从而真正掌握相关背景知识和技能，并加深对软件开发过程的理解，提高自主软件开发能力。

该练习侧重于 GIS 软件开发图形编程技能训练，因此在教程中没有详细讨论软件需求和设计。在使用该教程时，要求学生在开始动手之前先反复阅读后面的"附件 1　C＋＋编码规范"和"附件 2　优秀程序员的基本修炼"，然后在每个练习中对照实践，逐步实现第二个目的。

目的 2　养成良好的编程习惯。

基于上述目的，建议该实习安排在完成计算机基础、C＋＋语言、数据结构等课程学习后，作为一项完整的课程设计来开展。建议将练习 1～30 作为必需的基础练习，鼓励学生完成从练习 31 开始的挑战练习。一般学生在教学日历安排时间内可能不能顺畅地完成所有的练习,因此建议学生在课余时间开展研讨、增强功能等实践。

1.2 练习目标

通过实习,从 6 个方面达到以下目标。

1.2.1 C++语言

掌握 C++语言的核心内容,能够熟练运用各种概念和方法。

应该掌握的内容包括:①C 语言的基本部分,如字符集、关键字、标识符和操作符、变量和常量、表达式、语句、过程控制;②函数的定义方法和调用方法;③数组、指针、结构的定义和使用;④类的定义和使用方法,理解、掌握成员变量和成员函数的定义及使用方法。特别是通过微软基础类库(Microsoft Foundation Classes , MFC)的调用,充分理解类的概念,熟练掌握类的调用方法,特别是基类成员变量和成员函数,以及 this 指针的使用方法。

1.2.2 数据结构

理解复杂数据结构的定义,掌握其实现、排序和查找等方法。

结构是软件开发过程中频繁使用的一种自定义数据类型,正确理解结构数据实例与其中各成员的关系,熟练掌握结构的定义和使用方法,既是程序员入门级的基本要求,也有利于理解计算机存储管理的本质。

常用的数据结构主要分为线性结构(数组、线性表、栈、队列等)和非线性结构(树、图等)。为了降低软件复杂度,使之与大一期末的教学难度大致相当,本实习舍去了一些复杂的功能和性能要求,只涉及描述点、线、区等简单几何图形,以及这些图形的文件存储结构。即便如此,仍然希望学生通过反复练习达到掌握点、线、区等简单几何图形的数据组织方法,以及能够灵活定义结构、构造结构数组、实现排序和查找元素的目标。

1.2.3 图形绘制

理解 Windows 绘图原理,掌握 Windows 绘图方法。

本次实习在 MFC 环境下完成,MFC 将 Windows 的绘图方法封装成设备描述、画笔、刷子、绘图模式等 C++类和函数。

通过实现点、线、区等几何图形的交互式编辑、缩放、移动等功能,一方面充分理解数据坐标到窗口坐标之间的映射关系;另一方面理解 Windows 绘图原理,熟练掌握 CClientDC、CPen、CBrush 等类的使用方法,通过实现橡皮线等功能理解 DC 的绘图模式。

1.2.4 编程工具和框架

掌握编程工具的基本用法,理解 Visual Studio 应用程序框架。

该实践教程全部基于 Visual Studio2019 版进行编写,希望学生使用该版本进行练习,使用其他版本可能存在少量界面和功能的不一致。

Visual Studio 是一套集成开发环境(IDE)的开发工具,除了常规的针对代码和资源进行编辑、编译和运行所需的功能(如文件、工具、编辑、生成、调试等)外,还包括大量用于查看代码和资源静态状态的功能和视图(如解决方案资源管理器、类视图、属性管理器、资源视图),以及查看代码运行时资源状态和运行结果的功能和视图(如断点设置、逐语句跟踪、输出窗口、局部变量窗口、监视窗口、调用堆栈窗口和即时窗口等)。熟悉和掌握这些功能、工具和视窗的用法,是掌握 Visual Studio 集成工具的基础,也是该实践教程希望学员掌握的基本技能。在此基础上,学员可自学 Visual Studio 提供的"体系结构""测试""分析"等高级功能(图 1.2)。

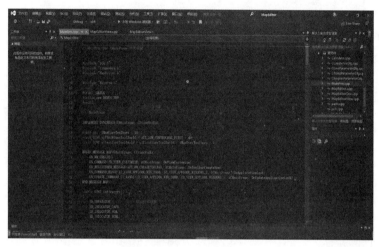

图 1.2　Visual Studio2019

"解决方案资源管理器"提供项目及其文件的有组织的视图,并且提供对项目和文件相关命令的便捷访问。"类视图"用于显示正在开发的应用程序中定义、引用或调用的符号,阐明代码中的符号结构,并且提供对符号的便捷访问。"资源视图"用于显示工程中用到的所有非编程部件资源,并且提供对资源的快捷编辑。

Windows 是基于消息循环机制的操作系统,Windows 所有的程序都由消息驱动。Windows 收集和管理各类事件(如点击菜单或按钮、鼠标移动、键盘按下等)产生的消息,并将消息发送给与消息相关的应用程序,应用程序在接收到消息后根据消息类型执行相应的操作。例如当用户点击某菜单项时,Windows 首先捕获到该事件,产生一个 WM_COMMAND 消息并发送到用户点击的应用程序的消息队列中,应用程序逐个处理消息队列中的消息,在处理WM_COMMAND 消息时,调用相应的消息处理函数。

Visual Studio 将 Windows 操作系统的各种应用程序接口(Application Programming Interface,API)函数封装成 C++类库,统称 MFC,MFC 中封装的类如 CWnd、CButton、CFile、CDialog 等,MFC 还将消息处理机制封装成应用程序框架。在 MFC 应用程序框架基础上开发应用程序,程序员就可以大大简化"接收消息-调用消息处理函数"这一复杂过程,而将思维集中在文件处理、视窗操作、数据对象的设计与实现上来。因此,理解 MFC 并掌握应用程序框架,对使用 Visual Studio 开发应用程序非常重要。

MFC 应用程序框架由"应用程序类"（CWinApp）→"主框架类"（CMainFrame）→"视窗类"（CView）→"文档类"（CDocument）构成。一般一个应用程序有一个应用程序类、一个主框架类、多个视窗类、多个文档类，其关系如上述箭头所示。

MFC 应用程序框架各组成部分及其关系如图 1.3 所示。其中"主框架窗口"是整个应用程序的窗口，即图 1.3 中黑色框内的部分。"视类窗口"是主框架窗口的一个子窗口，即图 1.3 中虚线框内的部分。主框架窗口对应的类是主框架类 CMainFrame，视图窗口对应的类是视窗类 CView。

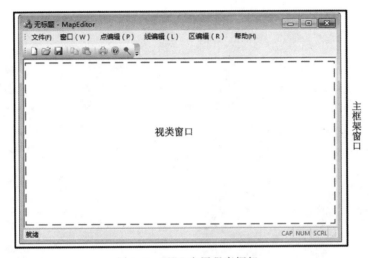

图 1.3　MFC 应用程序框架

MFC 提供了一个文档/视图结构，文档指的是文档类 CDocument，视图指的是视窗类 CView。数据的存储和加载可以由文档类来完成，数据的显示和修改则由视窗类来完成。对于以 MapEditor 命名的程序而言，文档类指的是 CMapEditorDoc，派生于 CDocument。视窗类指的是 CMapEditorView，派生于 CView。

该实践教程为了更好地实践数据结构相关知识和文件操作，没有使用 CDocument 类，而是使用 CFile 类进行数据存储和管理。

对于以 MapEditor 命名的程序而言，应用程序类指 CMapEditorApp，派生于 CWinApp。在程序启动时首先会通过 CMapEditorApp 类完成一些初始化工作，包括窗口类的设计、注册，以及窗口的创建、显示和更新，然后再进入消息循环中，通过消息映射机制来处理各种消息。

MFC 中的所有类均派生于 CObject 类，各种派生类如图 1.4 所示。

1.2.5　程序调试

理解调试对于提高软件开发效率和质量的重要性，掌握程序调试方法。

掌握断点设置、单步跟踪、变量查看等调试方法，习惯使用跟踪手段检查和优化程序。

程序调试是在程序正式发布之前，程序员借助集成调试环境，用手工方式逐行或逐过程走查代码，依据各语句的执行结果，确认代码与设计的一致性，以及实际性能与需求或设计的

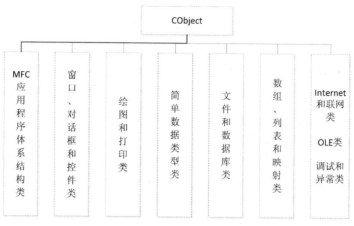

图 1.4　MFC 类汇总

符合程度。通过跟踪检查,发现代码算法错误或性能偏差,进而改正错误或优化代码。

程序调试本质上是一种白盒测试,是原始代码经过不断修改快速摆动到最优的有效方法,是优秀程序员必须掌握的基本技能之一。

通过本次实习,要求掌握在 Visual Studio2019 环境下,设置和取消断点,逐语句或逐过程跟踪程序的每一步,查看各步实际运行结果,验证结果的正确性等方法。要求熟练掌握这些方法对应的热键使用方法。

通过本次实习,希望学生能够灵活运用编译器、调试器等工具,以及代码浏览等手段实现高效编程。

1.2.6　编程规范化

理解规范化编程对提高程序质量的重要性,掌握规范编程基本方法,形成良好的编程习惯。

软件规范的目的是为了统一软件的规范风格,提高软件源代码的可读性、可靠性和重用性,提高代码的质量和可维护性,降低软件维护成本。良好的编程规范可以改善软件质量,缩短软件开发时间,提升团队效率,简化维护工作。所以,掌握基本编程规范,形成良好的编程习惯对优秀程序员尤为重要。

通过本实习,了解附件 1 所列编程规范的基本要求,并在实习中反复认真应用,逐步形成使用简洁的语句编写代码、使用准确的语言编写注释的良好习惯,达到程序易读易理解的目标,降低代码歧义带来的隐形错误,从而提高编程效率、代码的质量和可靠性。

1.3　实习要求

1.3.1　对学生

(1)小步走。不要跳过任何一次练习,对于能力强的同学,可以加快实习进度,并尝试实现挑战编程所列的高级功能或自行实现更多更加复杂的功能。

(2)重复做。实习过程中,学生一般都有足够的时间完成各项实习任务,建议学生在第一次实现后,不再参考实践教程重新做一次,即所有过程和步骤都必须是一边回忆一边动手实践。如果重复的过程中还必须参见教程或请教才能完成,建议做第 3 次,以达到真正领悟和掌握。

(3)真掌握。大多数学校在教学过程中,都会根据教学内容和办学特色,安排各式各样、范围宽泛的练习,对学生动手能力的提高有利无害,但问题是很多同学并未真正掌握,没有达到练习目标甚至没有完成。

因此,理解每一项练习背后的知识,掌握练习要求的工具、过程和方法非常重要。要做到这一点,仅跟随老师"走一趟"显然不够,学生必须重复练习内容,直至掌握。课内时间不够的话学生一定要在课外多花时间做到真理解,也就是不仅说得清,还要写得出、做得对。

1.3.2 对老师

(1)记录过程。要求学生在实习过程中填写实习记录,并将其作为实习成绩评定的部分依据。

(2)抽查代码。指导教师在实习过程中要与学生交流,检查学生的实习情况,检查学生所写代码,并抽取代码,由学生解释其含义和用法。

(3)检查结果。通过成果演示、答辩、代码抽查、部分功能重做等形式检查和评定学生掌握的程度。

第 2 章　背景知识概述

2.1　几何图形及其结构

2.1.1　点

点是几何图形最基本的单元,是空间中只有位置、没有大小的图形。在一个平面上,通常用一个有序坐标对(x,y)来表示一个点,习惯上 x 为水平位置,y 为竖直位置,如图 2.1 所示。

虽然一个有序坐标对可以确定一个点的位置,但由于点是现实世界中点状地物(如电杆、灯塔、泉水、水文站、气象观测点等)的抽象,种类多种多样,所以除了空间位置外,点还有一些属性,如种类、颜色等(图 2.2)。

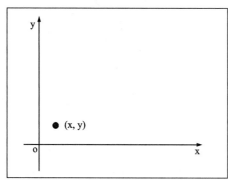

图 2.1　点坐标

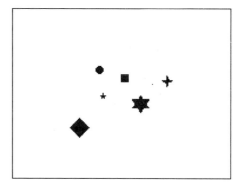

图 2.2　点图案

在计算机中,为了记录和显示不同的点,通常对每个点给一个唯一的编号,通称 ID;为了显示不同的图案以表达不同的含义,还要记录图案号。因此,在本次实习中点图形的结构如下:

```
struct{
        long        ID;         //点编号
        double      x;          //点位坐标 x
        double      y;          //点位坐标 y
        COLORREF    color;      //点颜色
```

```
    int        pattern;        //点图案号
    char       isDel;          //是否被删除?
}PNT_STRU;
```

2.1.2　线

线是现实世界中线状地物(如道路、河流、航线、电力线等)的抽象。当我们要记录一条线(包括曲线)时,把所有数学意义上的点都记录下来显然是不必要的,我们仅仅需要记录线上的一些特征点,由这些特征点直接连接或者用函数(如弧、样条等)分段描述即可描述线的全貌。这些特征点我们称为"节点",它包括线的起点、转折点和终点。所以,在计算机中,一条线用有限多个有序节点来表示,如图 2.3 所示。为了降低难度,在该教程中不考虑用函数描述的曲线。

与点类似,线的种类也是多种多样的,除了节点序列,还有颜色、线型、种类等更丰富的属性(图 2.4)。为了区分不同的线,每条线同样要分配一个唯一的 ID。

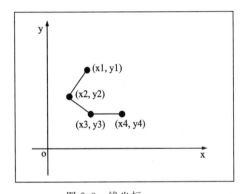

图 2.3　线坐标

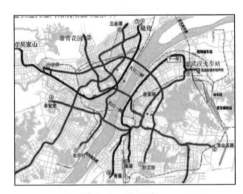

图 2.4　线图案

因为不同线的节点数不同,所以为了提高存储和检索效率,我们将每条线分两部分存储,一部分是长度固定的索引,另一部分是长度变化的"节点数组"。

线索引结构如下:

```
struct{
        long        ID;          //线编号
        char        isDel;       //是否被删除?
        COLORREF    color;       //线颜色
        int         pattern;     //线型(号)
        long        dotNum;      //线节点数
        long        datOff;      //线节点数据存储位置
        }LIN_NDX_STRU;
```

单个节点数据结构如下:

```
struct{
        double          x;          //节点 x 坐标
        double          y;          //节点 y 坐标
    }DOT_STRU;
```

2.1.3　区

　　区是现实世界中面状地物(如地块、湖泊、行政区等)的抽象。在计算机中,区是由平面上三个及三个以上的节点连接而成的封闭图形。即我们通过有序描述区边界的节点来描述一个最简单的区(因为有孔的区结构过于复杂,本实习不讨论此类区),这样,最简单的区就是一个有限多个有序坐标点,如图 2.5 所示。

　　与点、线类似,区的种类也是多种多样的,除了节点序列,还有颜色、填充图案、种类等属性(图 2.6)。为了区分不同的区,每个区同样要分配一个唯一的 ID。

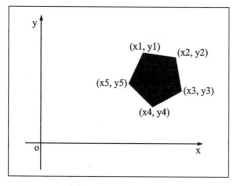

图 2.5　区坐标

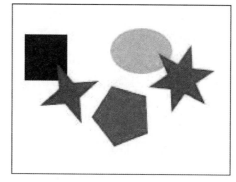

图 2.6　区图形

　　因为不同区的边界节点数不同,所以为了提高存储和检索效率,与线类似,我们将每个区分两部分存储:一部分是长度固定的索引,另一部分是长度变化的边界"节点数组"。

区索引结构如下:

```
struct{
        long            ID;         //区编号
        char            isDel;      //是否被删除?
        COLORREF        color;      //区颜色
        int             pattern;    //图案(号)
        long            dotNum;     //边界节点数
        long            datOff;     //边界节点数据存储位置
    }REG_NDX_STRU;
```

单个节点数据结构如下:

```
struct{
        double        x;            //节点 x 坐标
        double        y;            //节点 y 坐标
    }D_DOT;
```

从上述说明可以看出，在本实习中简单区的结构与线相似。

2.2　Windows 图形编程

2.2.1　图形绘制方法

Visual C++ 所编写的 Windows 的应用程序通常在视图类 OnDraw 函数中添加绘图代码来完成图形绘制。OnDraw 函数是 CView 类的虚拟成员函数，它在 CView 类的派生类中被重新定义，在接收到 WM_PAINT 消息后就会通过消息映射函数 OnPaint 调用它。WM_PAINT 消息是在某个视图窗口需要重画或刷新其显示内容时发出的。如果程序的数据被改变，则可以调用视图的 Invalidate 成员函数使视图窗口无效而发出 WM_PAINT 消息，并最终导致 OnDraw 函数被调用来完成绘图。

在 Windows 平台上，应用程序的图形设备接口（Graphics Device Interface，GDI）被抽象为 DC。DC 也称为设备描述表，是 GDI 中重要的组成部分，是一种数据结构，它定义了一系列图形对象以及图形对象的属性和图形输出的图形模式。图形对象包括画线用的画笔、填充用的画刷及位图和调色板等。

图形设备不能被应用程序直接操控，只能通过调用句柄（HDC）来间接地存取设备上下文及其属性并控制设备。MFC 类库提供了不同类型的设备类，每一个类都封装了代表 Windows 设备上下文的句柄（HDC）和函数。MFC 中封装了 HDC 的类，包括 CDC、CClientDC、CPaintDC、CWindowDC、CMetafileDC。

Visual C++ 在 Windows 下使用 DC 封装类进行图形绘制的基本步骤是：①创建绘图工具并设置颜色、线型、线宽等属性；②将新工具选为 DC 类对象的绘图工具；③调用 DC 类对象的绘图函数进行图形绘制；④恢复 DC 类对象原有的绘图工具。

举例如下（视窗口缺省坐标原点在左上角）：

```
void CMyView::OnDraw(CDC*  pDC)
{   //使用缺省画笔画了一条直线,画笔的属性是实线型、1 个像素宽、黑色
    pDC- > MoveTo (100,100);            //画笔悬空移动到(100,100)处落下
    pDC- > LineTo (200,200);            //画笔从当前位置画到(200,200)处
    CPen * pOldPen;                     //申请一个新画笔指针,用于保存当前画笔对象地址
    CPen dashPen;                       //新画笔对象
    dashPen.CreatePen (PS_DASH,1, RGB(255,0,0));//创建画笔,虚线、1 个像素宽、红色
    pOldPen= pDC- > SelectObject (&dashPen);//选择新画笔,pOldPen 指向原画笔
```

```
    pDC- > LineTo(300,100);      //使用新画笔从当前位置画到(300,100)处
    pDC- > SelectObject (pOldPen);      //恢复原画笔
    pDC- > LineTo (400,200);      //使用原画笔从当前位置画到(400,200)处
}
```

上述程序的运行结果如图 2.7 所示。

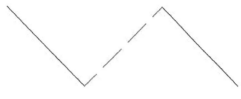

图 2.7　示范程序运行结果

2.2.2　数据坐标系与窗口坐标系

　　数据坐标系到窗口坐标系的映射可以看成现实世界中的景物在相机屏幕上的显示。假想数据坐标系描述现实世界,窗口坐标系描述相机屏幕,那么,窗口坐标系中显示的图形就可以看成是现实世界中一定范围的景象在相机屏幕上的映射。也就是说,相机屏幕上看到的图像是按照一定比例显示的现实世界的局部景象,如果是 1∶1 的比例,那么在相机屏幕上看到的图像与现实世界中的景象同样大小,如果是其他比例那就是缩小或放大的形式。

　　同样,窗口坐标系与数据坐标系也存在比例关系,这个比例关系可以理解为数据坐标系中单位长度与窗口坐标系中长度的投影。如图 2.8 所示,如果窗口坐标系的原点是数据坐标系中 Q 点的投影,那么,位于数据坐标系中的一个坐标点 p(x,y),当显示到窗口坐标系中对应坐标变为 $P'(x',y')$ 时,它们之间存在以下换算关系:

$$x' = (x - X_0) \times r$$
$$y' = (y - Y_0) \times r$$

其中,r 是窗口坐标系中的单位长度与数据坐标系中对应的实际长度之比,类似于地图比例尺。

2.3　文件概念及操作

　　文件是被命名的以硬盘等非易失性存储介质为载体的信息集合。当程序运行时,都是通过内存进行数据操作;当程序退出特别是关机后,内存中的数据将消失。为了把数据长期保留下来,我们用文件的方式保存它,以便下次需要这些数据时可以重新打开使用。

　　对文件的操作主要包括打开(包括创建)、读、写、定位、关闭等。C 语言和 MFC 都提供了一系列函数和类来实现这些功能。在本次实习中,我们用 MFC 的 CFile 类来实现数据的保存和读取等功能。

　　可以把文件想象成一个只有开头没有结尾的字节序列,读写操作总是从当前文件指针位置开始向后读或写一定数量的字节(由读写函数中的 cCount 参数确定),读写结束时文件指针自动向后移动所读写的字节数,如图 2.9 所示。根据需要重新定位文件指针,就可以实现从文件的任意地方开始读写数据。

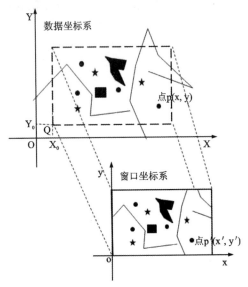

图 2.8 数据坐标系与窗口坐标系的映射关系

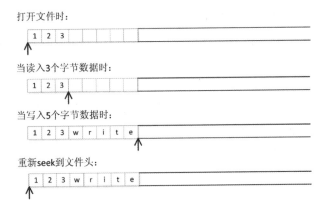

图 2.9 文件操作示意图

CFile 类主要成员函数如下:

(1)打开文件

```
virtual BOOL Open( LPCTSTR lpszFileName,UINT nOpenFlags,CFileException* pError =
NULL );
```

参数说明:

· 参数 lpszFileName 表示带路径的文件名称,可以是相对路径、绝对路径或者网络路径。

· 参数 nOpenFlags 表示文件的打开方式,其可选方式如表 2.1 所示,可组合使用或单独使用。

· 参数 pError 表示抛出的异常和错误。函数成功打开文件返回 true,否则返回 false。

表 2.1　nOpenFlags 参数取值(前 4 项为常用选项)

取值	取值含义说明
CFile::modeCreate	创建一个新文件,若该文件已存在,那么将它的长度截断为 0
CFile::modeRead	打开文件,该文件仅可读
CFile::modeWrite	打开文件,该文件仅可写
CFile::modeReadWrite	打开文件,该文件可读可写
CFile::typeText	设置文本模式(仅在 CFile 类的派生类中使用)
CFile::typeBinary	设置二进制模式(仅在 CFile 类的派生类中使用)

使用 CFile 类的构造函数也能够打开文件,但是不带错误检测,程序员无法判断打开是否正常。

当文件打开时,文件指针定位在文件开头。

(2)写入文件

```
virtual void Write( const void* lpBuf,UINT nCount);
```

参数说明:

· 参数 lpBuf 表示指向内存缓冲区的指针,这个缓冲区中存放着要写入文件的数据。

· 参数 nCount 表示从缓冲区中写入文件的数据的字节数。

当写入操作完成时,文件指针自动向后偏移 nCount 个字节。

(3)读取文件

```
virtual UINT Read( void* lpBuf,UINT nCount );
```

参数说明:

· 参数 lpBuf 表示指向内存缓冲区的指针,这个缓冲区用来存放从文件中读取的数据。

· 参数 nCount 表示读取的数据的字节数,所以程序员在使用该函数时需保证 lpBuf 所指的内存缓冲区至少有 nCount 字节大小。

当读取操作完成时,文件指针自动向后偏移 nCount 个字节。

(4)重新定位文件指针

```
virtual ULONGLONG Seek(LONGLONG lOff,UINT nFrom);
```

参数说明:

· 参数 nFrom 说明相对于什么地方开始定位,有 3 种方式,分别是 CFile::begin、CFile::current 和 CFile::end,即相对于"文件开头""文件当前指针位置"和"文件结尾"开始定位。

· 参数 lOff 表示文件指针从 nFrom 参数指定的位置开始移动的偏移量(字节数)。

若定位成功则返回文件指针的新的绝对位置(相对于文件开头),否则返回值是未定义的,并触发异常。例如,Seek(0,CFile::end)表示将文件指针移动到文件结尾,再从文件结尾移动 0 个字节,用函数 SeekToEnd()也能达到同样的效果。Seek(0,CFile::begin)表示将文件指针移动到文件开头,再从文件开头移动 0 个字节,用函数 SeekToBegin()也能达到同样的效果。

(5)关闭文件

```
virtual void Close( );
```

如果在关闭文件之前销毁 CFile 类的对象,析构函数就会把文件关闭。如果使用 new 分配 CFile 的对象,则必须在关闭文件后将对象删除。

2.4 系统功能与设计说明

2.4.1 功能及菜单设计说明

该实践教程实现一个小型图形编辑系统,系统具有输入、显示、修改、保存和打开点线区图形对象的基本功能。该系统数据生成和使用的基本流程为:

(1)输入和修改图形对象所产生的数据先存储在临时文件中,执行"保存"功能时才将临时文件中的数据转存到永久文件中,执行"打开"时则将永久文件中的数据读取到临时文件。

(2)图形编辑和显示都是从临时文件中读取数据到内存再进行处理或显示。

(3)系统退出时将临时文件中的数据转存到永久文件并删除临时文件。

此外,该系统还具有移动、缩放、复位等辅助功能。即用户可以在客户区按住鼠标左键拖动图形进行图形漫游,可以左键点击放大或开窗放大,也可用"复位"功能将全部图形完整地显示在视窗口中。同时,该系统设计了简单的图形参数,如颜色等,并提供相应的修改功能。

根据功能需求,该系统设计菜单如下:

(1)主菜单:文件、窗口、点编辑、线编辑、区编辑、帮助。

(2)二级菜单:文件、窗口、点编辑等。

文件:新建、打开、保存、另存、退出。

窗口:放大、缩小、移动、复位、显示点、显示线、显示区。

点编辑:造点、移动点、删除点、显示删除点、恢复点、修改点参数,设置点缺省参数。

线编辑:造线、移动线、删除线、显示删除线、恢复线、线上删点、线上加点、连接线、修改线参数,设置线缺省参数。

区编辑:造区、移动区、删除区、显示删除区、恢复区、修改区参数、设置区缺省参数。

(3)三级菜单:打开、保存和另存菜单。

打开:打开点、打开线、打开区。

保存:保存点、保存线、保存区。

另存:另存点、另存线、另存区。

为了实现上述各项菜单功能,在编码过程中需要完成表 2.2～表 2.4 中的辅助函数。

表 2.2 文件读写相关的函数

函数定义	函数说明
Write Pnt To File	将点数据写入点临时文件
Read Temp File To Pnt	从临时点文件读取点
Read Pnt Permanent File To Temp	从永久文件中读取点数据到临时文件
Update Pnt	更新点
Write LinNdx To File	将线写入线临时索引文件
Write LinDat To File	将线节点写入线临时数据文件
Read Temp File To LinDat	从临时线数据文件中读取线的点数据
Read Temp File To LinNdx	从临时线索引文件中读取线索引
Write Temp To Lin Permanent File	从临时文件中将线数据写入永久文件
Read Lin Permanent File To Temp	从永久文件读取线数据到临时文件
Update Lin	更新线
Write Reg Ndx To File	向临时文件中写入区索引
Write Reg Dat To File	向临时文件中写入区数据
Read Temp File To Reg Ndx	从临时文件中读取区索引
Read Temp File To Reg Dat	从临时文件中读取区数据
Write Temp To Reg Permanent File	从临时文件中将区数据写入永久文件
Read Reg Permanent File To Temp	从永久文件读取区数据到临时文件
Update Reg	更新区
Alter Start Lin	修改第一条线索引数据(连接线)
Alter End Lin	修改第二条线索引数据(连接线)
Alter Lindot	修改线点数据(连接线)

表 2.3 显示绘制相关的函数

函数定义	函数说明
Draw Pnt	绘制点
Draw Lin	绘制线
Draw Reg	绘制区
Show All Pnt	显示点
Show All Lin	显示线
Show All Reg	显示区

表 2.4　其他辅助函数

函数定义	函数说明
Pnt DP to VP	数据坐标系转换到窗口坐标系
Dot VP to DP	窗口坐标系转换到数据坐标系
Pnt To Dot	POINT 类型转为 D_DOT 类型
Dot To Pnt	D_DOT 类型转为 POINT 类型
Find Pnt	查找最近点
Find Lin	查找最近线
Find Reg	查找某点所在区
Find Delete Pnt	查找最近已删除的点
Find Delete Lin	查找最近已删除的线
Find Delete Reg	查找某点所在已删掉的区
Dis Pnt To Seg	鼠标点击位置到线的距离
Pt In Polygon	判断点是否在区内
Get Center	计算矩形中心
modulus Zoom	计算拉框放大时放大系数
……	……

为了降低该实践的难度，我们在功能设计上做了许多精简。对于希望加强练习、提高动手能力的同学，可以自行完成以下功能，在添加新功能的过程中需要重构部分代码。

（1）删除部分点、删除部分线、删除部分区。这些点、线、区可以用按住鼠标左键拉框的方式选择。

（2）统改点参数、统改线参数、统改区参数。如将原来是黑色的线全部改为红色。

（3）选择点图案、选择线型、选择填充图案。

（4）设置某目录，所有临时文件都存放在该目录下。

（5）在状态栏显示点、线、区的数量，格式如"点 12　线 22　区 5"的形式。

（6）在临时文件之上封装一层数据访问接口函数，用于统一和规范对临时文件的读写，并且起到屏蔽临时文件存储细节的作用。点数据访问接口函数可命名为 CreatTmpPnt、Get-PntNum、GetPnt、AppendPnt、DelPnt、ChangePnt 等，线和区的数据访问接口函数用类似的规则命名。在定义接口函数之后，修改点、线、区编辑菜单对应的代码。喜欢挑战的同学可以尝试将数据访问接口独立成一个动态连接库（DLL），形成自己的可供他人调用的"数据访问平台"。

对于喜欢挑战的同学，还可以重新设计区相关的数据结构、文件结构，以支持"区边界由多个环构成，区内有空洞"这一更复杂也更实用的情况，并重构区编辑相关功能。对这样的复

杂区,其数据结构需包括以下几个部分:

(1)构成区边界的环数 ringN、与环数 ringN 对应的环号序列,第 1 个环是区的外边界,第 2 个开始的环是内边界。

(2)第 1 个环的坐标点数 dotN1,与 dotN1 对应的点坐标系列。

(3)第 2 个环的坐标点数 dotN2,与 dotN2 对应的点坐标系列。

(4)······

(5)第 ringN 个环的坐标点数 dotNn,与 dotNn 对应的点坐标系列。

2.4.2　数据结构与文件结构说明

1.点数据结构与文件结构

(1)点数据结构。

```
struct{
        char        isDel;        //是否被删除
        COLORREF    color;        //点颜色
        int         pattern;      //点图案(号)
        double      x;            //点位坐标值 X
        double      y;            //点位坐标值 Y
        }PNT_STRU;
```

(2)点文件结构。

点临时文件结构如图 2.10 所示。

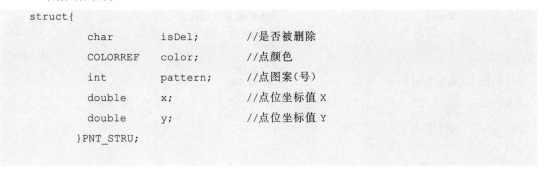

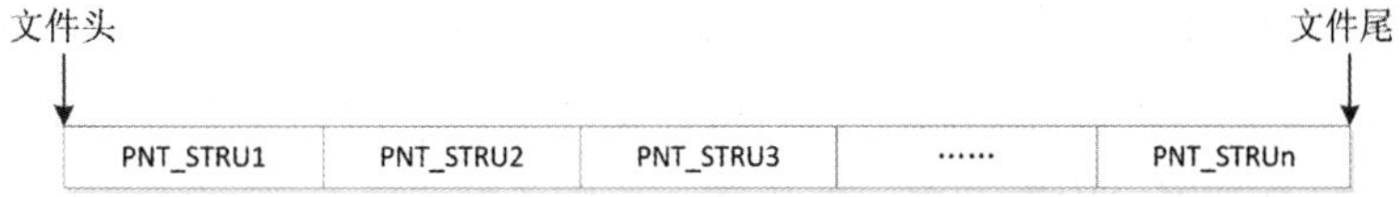

图 2.10　点临时文件结构示意图

点永久文件结构由"版本""点数""点数据"几部分组成。

点永久文件版本信息如下:

```
struct{
        char  flag[3];      //标志符'志符'g
        int   version;      //10
        } PNT_VERSION
```

点永久文件结构如图 2.11 所示。

图 2.11 中 GPntNum、GPntLNum 分别为点的物理数和逻辑数。为了使删除等操作简单,删除操作只是将相应的点设了删除标记,这样做的好处是删除点时物理文件不需要移动数据,所以"物理数"就是指包括被删除的所有点的总数,而"逻辑数"是指不包括被删除的点的总数。

图 2.11　点永久文件结构示意图

2. 线数据结构与文件结构

(1)线索引结构如下：

```
struct{
        char        isDel;        //是否被删除
        COLORREF    color;        //线颜色
        int         pattern;      //线型(号)
        long        dotNum;       //线坐标点数
        long        datOff        //线坐标数据存储位置
    }LIN_NDX_STRU;
```

(2)线坐标点结构如下：

```
struct{
        double  x;
        double  y;
    }DOT_STRU;
```

(3)线文件结构包括线临时文件结构与线永久文件结构。

线临时文件结构：线有两个临时文件,分别是索引文件和坐标数据文件。索引文件中的索引项长度固定,所以可以通过计算确定某条线的索引位置。两个文件的关系如图 2.12 所示,索引中的 datoff 记录了对应线的坐标数据在坐标数据文件中存放的起始位置(即 datoff 指向坐标数据的位置),索引中的 dotNum 记录了线的坐标点数。

线永久文件版本信息如下：

```
struct{
        char    flag[3];      //标志符'LIN'
        int     version;      //10
    } LIN_VERSION
```

线永久文件是一个将文件版本、线数、线索引数据和线坐标数据打包在一起的文件,其结构如图 2.13 所示。

3. 区数据结构与文件结构

为了降低难度,在该实践中,我们规定:区是不带空洞且只由一条边线围成的封闭区域,是简单区。

(1)区索引结构如下：

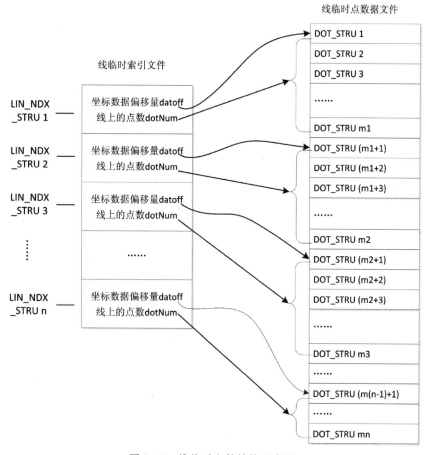

图 2.12　线临时文件结构示意图

```
struct {
        char        isDel;       //是否被删除
        COLORREF    color;       //填充颜色
        int         pattern;     //区线(型)
        long        dotNum;      //区边界坐标点数
        long        datOff       //区坐标数据存储位置
}REG_NDX_STRU;
```

（2）区文件结构包括区临时文件结构与区永久文件结构。

区临时文件结构：与线类似，区临时文件也由两个临时文件组成，分别用于存放区索引和区边界点坐标数据。坐标点的结构与上述线的坐标点结构相同。两个临时文件的结构和关系与线的临时文件相似，请参考图 2.12 及相关说明。

区永久文件结构：与线永久文件一样，区永久文件也是一个将数据版本、区索引、区坐标数据等打了包的文件，其结构与线永久文件（图 2.13）类似。

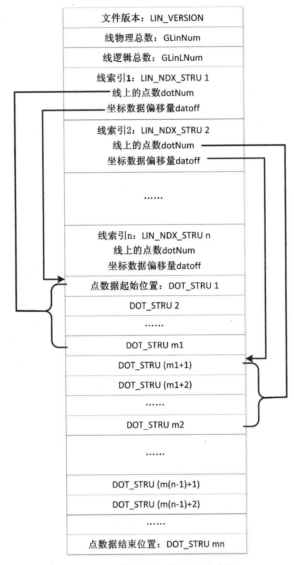

图 2.13　线永久文件结构示意图

2.4.3　操作逻辑与操作状态说明

本节说明需要用全局变量标识的操作状态、数据状态和文件路径等信息。宏定义全部使用大写字母，全局变量以 G 开头。

1. 操作逻辑与操作状态说明

鼠标操作只有按下（Down）、弹起（Up）和移动（Move）三种，所有在视图区域的鼠标操作都会通过响应鼠标消息而调用对应的消息响应函数，如 OnLButtonDown、OnMouseMove 等。

很多菜单功能都是由前后关联的一系列鼠标操作来完成的，如"移动线"功能就由"按下鼠标左键"（此时选中线）、"移动鼠标"（线跟随移动）和"鼠标左键弹起"（线在新的位置固定）

这样三个操作完成,因此鼠标消息的响应函数与菜单功能之间存在 M‐M 的关系。

为了区分鼠标消息对应的当前功能,我们用"操作状态"来标识每一项菜单功能,并用全局变量 GCurOperState 记录。根据功能定义,共有 22 种操作状态,详见表 2.5～表 2.9。

表 2.5　与"窗口"功能相关的操作状态

操作状态定义	操作状态说明
OPERSTATE_ZOOM_IN	放大
OPERSTATE_ZOOM_OUT	缩小
OPERSTATE_WINDOW_MOVE	窗口移动

表 2.6　与"点编辑"功能相关的操作状态

操作状态定义	操作状态说明
OPERSTATE_INPUT_PNT	造点
OPERSTATE_DELETE_PNT	删除点
OPERSTATE_MOVE_PNT	移动点
OPERSTATE_MODIFY_POINT_PARAMETER	修改点参数
OPERSTATE_UNDELETE_PNT	恢复点

表 2.7　与"线编辑"功能相关的操作状态

操作状态定义	操作状态说明
OPERSTATE_INPUT_LIN	造线
OPERSTATE_DELETE_LIN	删除线
OPERSTATE_MOVE_LIN	移动线
OPERSTATE_LIN_DELETE_DOT	线上删点
OPERSTATE_LIN_ADD_DOT	线上加点
OPERSTATE_LINK_LIN	连接线
OPERSTATE_MODIFY_LINE_PARAMETER	修改线参数
OPERSTATE_UNDELETE_LIN	恢复线

表 2.8　与"区编辑"功能相关的操作状态

操作状态定义	操作状态说明
OPERSTATE_INPUT_REG	造区
OPERSTATE_DELETE_REG	删除区
OPERSTATE_MOVE_REG	移动区
OPERSTATE_MODIFY_REGION_PARAMETER	修改区参数
OPERSTATE_UNDELETE_REG	恢复区

表 2.9　其他的操作状态

操作状态定义	操作状态说明
Noaction	无任何操作

将上述操作状态定义为枚举类型 Action,再定义 Action 类型的全局变量 GCurOperState 存储系统当前的操作状态。

例如,当用户点击"线编辑"→"移动线"时,操作状态会更改为 OPERSTATE_MOVE_LIN。在接下来的操作中,用户在视窗口区按下鼠标左键,系统就查找离鼠标最近的线;用户按住鼠标左键移动鼠标,这条线就跟随鼠标移动;用户弹起鼠标左键,这条线就绘制于鼠标所在位置,完成移动。若操作状态没有改变,用户在接下来的操作中依然可以执行"移动线"操作。

2. 显示逻辑与显示状态说明

系统处于在客户区内只绘制某一显示类型的数据的状态。根据功能定义,共有两种显示类型,见表 2.10。

表 2.10　显示类型说明

显示类型定义	显示类型说明
SHOWSTATE_UNDEL	显示未删除的数据
SHOWSTATE_DEL	显示已删除的数据

将上述显示类型定义为枚举类型 State,再定义 State 类型的全局变量 GCurShowState 存储系统当前的显示状态。大部分的功能都是在 SHOWSTATE_UNDEL 下进行的,只有

"显示删除点""显示删除线""显示删除区""恢复点""恢复线""恢复区"这六个功能是在 SHOWSTATE_DEL 下进行。"放大""缩小""移动"这三个功能支持上述两种显示状态。

程序启动时,默认的显示状态为 SHOWSTATE_UNDEL,并同时显示点、线、区。当用户点击 SHOWSTATE_DEL 状态下才能执行的功能时,显示状态会自动切换。例如,当用户点击"点编辑"→"显示删除点"和"点编辑"→"恢复点"时,显示状态会切换到 SHOWSTATE_DEL;当用户点击"点编辑"下的其他菜单时,显示状态会切换到 SHOWSTATE_UNDEL。

除此之外还需定义三个 bool 型的全局变量,用于控制数据显示,见表 2.11。

表 2.11　全局变量说明

全局控制变量	说明
GShowPnt	当前显示的是否为点
GShowLin	当前显示的是否为线
GShowReg	当前显示的是否为区

3. 点数据相关全局控制变量

用于记录存储"点"数据文件的信息以及点数据的数量。只有点临时文件已打开或创建以后才能进行"点编辑"。通过判断"点数据是否更改"来提示是否需要保存,见表 2.12。

表 2.12　点数据相关全局控制变量说明

全局控制变量	说明
GPntFCreated	点临时文件已打开或创建
GPntTmpFName	点临时点文件名(含路径)
GPntTmpF	点临时文件的文件对象
GPntFName	点永久文件名(含路径)
GPntChanged	点数据已更改
GPntNum	点物理数(存储在文件中的点的总数)
GPntLNum	点逻辑数(存储在文件中的删除标记为 0 的点的个数)

4. 线数据相关全局控制变量

用于记录存储"线"数据文件的信息以及线数据的数量。只有线临时文件已打开或创建以后才能进行"线编辑"。通过判断"线数据是否更改"来提示是否需要保存,见表 2.13。

表 2.13　线数据相关全局控制变量说明

全局控制变量	说明
GLinFCreated	线临时文件已打开或创建
GLinTmpNdxFName	线临时索引文件名(含路径)
GLinTmpDatFName	线临时数据文件名(含路径)
GLinTmpNdxF	线临时索引文件的文件对象
GLinTmpDatF	线临时数据文件的文件对象
GLinFName	线永久文件名(含路径)
GLinChanged	线数据已更改
GLinNum	线物理数(存储在文件中的线的总数)
GLinLNum	线逻辑数(存储在文件中的删除标记为 0 的线的条数)

5. 区数据相关全局控制变量

用于记录存储"区"数据文件的信息以及区数据的数量。只有临时文件已打开或创建以后才能进行"区编辑"。通过判断"区数据是否更改"来提示是否需要保存,见表 2.14。

表 2.14　区数据相关全局控制变量说明

全局控制变量	说明
GRegFCreated	区临时文件已打开或创建
GRegTmpNdxFName	区临时索引文件名(含路径)
GRegTmpDatFName	区临时数据文件名(含路径)
GRegTmpNdxF	区临时索引文件的文件对象
GRegTmpDatF	区临时数据文件的文件对象
GRegFName	区永久文件名(含路径)
GRegChanged	区数据已更改
GRegNum	区物理数(存储在文件中的区的总数)
GRegLNum	区逻辑数(存储在文件中的删除标记为 0 的区的个数)

第 3 章　基础编程练习

练习 1　创建工程,熟悉编程环境

1. 练习内容(反复练习下列内容,达到练习目标)

(1)练习 Window 基本操作。

(2)熟悉 Visual Studio2019 操作环境。

(3)学习在 Visual Studio2019 中创建新的 MFC 应用程序项目的基本过程。

(4)学习应用程序编译和执行的方法。

(5)熟悉集成开发环境中资源视图、类视图、解决方案资源管理器等部分。

2. 练习目标(实习结束时请在达到的目标前打勾"√")

(1)掌握开机、Windows 登录。

(2)观察到了"目录"和"文件",知道了什么是"目录",什么是"文件"。

(3)知道如何在 Windows 下运行程序。

(4)熟悉键盘操作。

(5)习惯鼠标操作(单击左键、双击左键、按住左键拖动、单击右键)。

(6)启动 Visual Studio2019。

(7)熟悉 Visual Studio2019 的布局,了解各个部分。

(8)掌握新建(new)项目或解决方案的方法,理解各步骤中选择项的含义及作用。

(9)基本熟悉 Windows 操作、熟悉 Visual Studio2010 操作环境。

(10)理解解决方案、外部依赖项、头文件、源文件、资源文件的关系。

(11)掌握找到并打开对话框资源、菜单资源、工具条资源等方法。

(12)掌握找到、打开、编辑头文件(.h 文件)和源文件(.cpp 文件)的方法。

(13)掌握生成解决方案,即生成执行程序的菜单功能及其对应热键。

(14)掌握程序执行和调试的菜单功能及其热键。

3. 上机指南

(1)启动 Visual Studio2019。

(2)创建一个新的项目(包括解决方案),可命名为 MapEditor(图 3.1.1)。

· 点击创建新项目,选择 MFC 应用(找不到可以直接搜索,搜索不到的说明未安装MFC 环境)。

图 3.1.1   新建项目初始对话框

· 更改项目名称为 MapEditor。
· 在"位置(L):"后面选择项目存放的目录,也可以点击"浏览(B)..."按钮选择或创建目录。
· 点击"创建"按钮后,向导进入"应用程序类型"页面,并选择"单个文档",如图 3.1.2 所示。

图 3.1.2   MFC 应用程序向导－应用程序类型

· 点击"下一步",向导进入"文档模板属性"页面,保留缺省设置。

- 点击"下一步",向导进入"用户界面功能"页面,保留缺省设置。
- 点击"下一步",向导进入"高级功能"页面,去掉右侧"高级框架窗格:"中的"资源管理器停靠窗格(D)""输出停靠窗格(O)"和"属性停靠窗格(S)",如图 3.1.3 所示。注意观察去掉选项上的√时左上角图标的变化。去掉"高级功能:"中的"打印和打印预览(P)"。

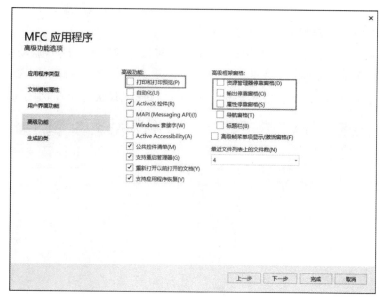

图 3.1.3　MFC 应用程序向导－高级功能

- 点击"下一步",向导进入"生成的类"页面,保留缺省设置。
- 点击"完成",生成解决方案,如图 3.1.4 所示。

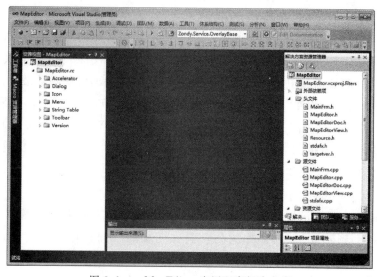

图 3.1.4　MapEditor 应用程序解决方案

小提示:

√　应用程序项目创建过程中,向导涉及多方面的背景知识,指导老师做必要的解释。

　　√　学生在基本理解各选项的含义后,暂时不深究,继续本实习,相关选项涉及的背景知识建议学生作为课余学习的抓手,扩大知识面。

　　√　建议学生反复创建应用程序项目,每次选择不同选项,创建后编译执行,比较差异,增强对不同选项的直观感受。

　　(3)点击"生成"→"生成解决方案"(也可直接按热键 F7),执行编译和连接,生成可执行程序。注意观察屏幕下方输出窗口中的显示信息。

　　(4)点击"调试"→"开始执行(不调试)"(也可直接按热键 Ctrl+F5),启动程序如图 3.1.5 所示。执行下列操作并观察运行结果:

　　· 点击主菜单,观察鼠标在二级菜单上移动时窗口底部(状态栏)的提示信息。

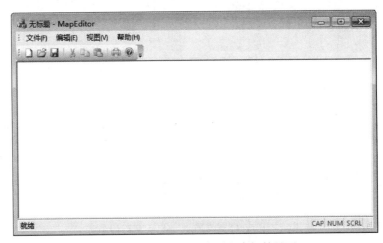

图 3.1.5　MapEditor 应用程序初始界面

　　· 点击各菜单项,观察其功能。

　　· 点击"帮助"→"关于 MapEditor(A)…"菜单项,观察弹出的对话框。

　　(5)观察图 3.1.4 左侧的"资源视图"。如果没有"资源视图"窗口,依次点击菜单"视图"→"其他窗口"→"资源视图"即可。可以展开"资源视图"中的资源项目录树,在"Dialog"项下找到"关于"对话框资源、在"Menu"项下找到菜单资源、在"Toolbar"项下找到工具条资源,双击各资源 ID,观察屏幕中间的资源编辑器以及右侧的属性,熟悉各种资源的内容。

　　(6)观察图 3.1.4 右侧的"解决方案资源管理器"。熟悉"解决方案资源管理器"内容结构,特别是"头文件""源文件""资源文件"三部分。

　　小提示:

　　√　Visual Studio 中的资源视图、类试图、解决方案资源管理器、输出等部分用户可根据个人喜好灵活拖动到不同地方,但作为初学者在完全熟悉编程环境之前建议不要拖动各部分。

练习 2 熟悉程序调试技巧

1. 练习内容（反复练习下列内容，达到练习目标）

（1）复习巩固练习 1 创建新的 MFC 应用程序的过程。

（2）熟悉 MFC 应用程序基本架构。

（3）理解程序调试的意义，掌握程序调试的基本方法。

（4）观察程序逐条语句的执行过程、理解函数调用。

（5）学会使用 Visual Studio2019 的随机帮助。

（6）学会使用 F1 等帮助功能得到函数调用的详细说明。

2. 练习目标（实习结束时请在达到的目标前打勾"√"）

（1）已能够在不看指南的情况下熟练重复练习 1 上机指南第 2 步［创建一个新的项目（包括解决方案）］。

（2）已熟悉 MFC"应用－主框架－文档－视图"（CMapEditorApp－CMainFrame－CMapEditorDoc－CMapEditorView）的基本架构。

（3）已掌握如何设置和取消"断点"，已明白断点的用处。

（4）已掌握逐语句调试和逐过程调试的方法，理解其差别和作用。

（5）已掌握观察变量的方法，特别是结构型变量和对象型变量的成员。

（6）已知道如何在 MSDN 资料中查找 C++编程相关背景资料。

（7）已知道如何在编程过程中用 F1 键查找函数说明。

3. 上机指南

（1）启动 Visual Studio2019。

（2）找到 MapEditor 目录，删除练习 1 已创建的解决方案 MapEditor（整个目录删除）。

（3）重复练习 1 上机指南第（2）步重新创建一个新的项目（包括解决方案），仍然命名为 MapEditor。

（4）练习设置断点（点击菜单"调试"→"切换断点"或直接按热键 F9）。

· 左键双击源文件 MapEditor. cpp，找到 BOOL CMapEditorApp∷InitInstance()函数，将光标停在下面的语句上，并按热键 F9，在该代码行左侧出现"红圆点"表示在该行处已设置断点，如图 3.2.1 所示。若再按 F9，红点消失表示已取消断点。

断点语句：INITCOMMONCONTROLSEX InitCtrls;

· 左键双击源文件 MainFrm. cpp，找到 int CMainFrame∷OnCreate（LPCREATESTRUCT lpCreateStruct)函数，将光标停在下面的语句上，并按热键 F9 设置断点。

断点语句：OnApplicationLook(theApp. m_nAppLook);

· 左键双击源文件 MapEditorDoc. cpp，找到 BOOL CMapEditorDoc∷OnNewDocument()函数，将光标停在下面的语句上，并按热键 F9 设置断点。

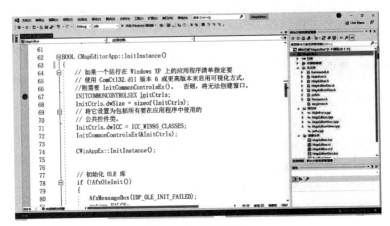

图 3.2.1　断点设置

断点语句:if(! CDocument::OnNewDocument())

· 左键双击源文件 MapEditorView.cpp,找到 void CMapEditorView::OnDraw(CDC ∗ /∗ pDC ∗/)函数,将光标停在下面的语句上,并按热键 F9 设置断点。

断点语句:CMapEditorDoc ∗ pDoc = GetDocument();

(5)练习启动调试,观察理解 MFC"应用-主框架-文档-视图"(CMapEditorApp-CMainFrame-CMapEditorDoc-CMapEditorView)架构。

· 点击菜单"调试"→"启动调试"或按热键 F5。程序开始进入调试状态,并自动执行到第一个断点处停下,如图 3.2.2 所示。

小提示:

√　请注意断点符号上的黄色箭头,它指向将要执行的语句。

√　Visual Studio 主窗口标题上增加了"(正在调试)"。

√　所有调试功能在熟悉菜单和热键后,建议使用热键,这样熟练后可以大大提高程序调试效率。

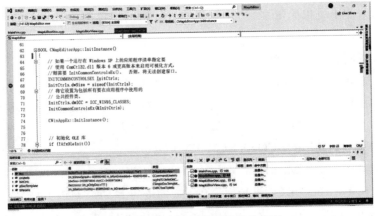

图 3.2.2　程序执行到断点处并停下

· 再次按热键 F5,观察程序自动执行到什么地方?

- 再次按热键 F5,观察程序自动执行到什么地方?
- 再次按热键 F5,观察程序自动执行到什么地方?

根据以上操作步骤,理解 MFC"应用-主框架-文档-视图"(CMapEditorApp-CMain-Frame-CMapEditorDoc-CMapEditorView)架构的内在关系。

- 反复按热键 F5,观察程序如何执行? 如果每次按 F5 程序都执行到源程序 MapEditorView. cpp 中 void CMapEditorView::OnDraw(CDC * /* pDC */)函数的断点上,说明每次运行都要重绘 MapEditor 的视窗。请思考为什么?

(6)练习终止调试。点击菜单"调试"→"停止调试"或按热键 Shift+F5。

(7)练习开始执行。点击菜单"调试"→"开始执行(不调试)"或按热键 Ctrl+F5。

(8)练习单步跟踪调试(逐语句调试、逐过程调试)。

- 如果程序处于调试状态则结束调试(按热键 Shift+F5)。
- 如果程序处于执行状态则结束执行(点击菜单"退出"或右上角的关闭按钮)。
- 按热键 F5 开始进入调试状态,程序执行到第一个断点处停下,如图 3.2.2 所示。
- 按热键 F11 逐语句调试。观察左侧黄箭头的移动,以及左下脚"局部变量"窗口中的变量,对于类对象可展开观察成员变量,如图 3.2.3 所示。
- 继续按热键 F11 逐条语句调试,观察黄箭头的变化。当黄箭头指向下面的语句时,再次按热键 F11,查看黄箭头是如何进入 InitInstance 函数内部的?

CWinAppEx::InitInstance();

- 继续按热键 F11 逐语句调试。观察黄箭头逐条语句执行并进入次级函数,每按一次 F11 执行一条语句,执行到函数最后一条语句后又返回上级函数的过程。

- 练习"跳出并返回"功能。若要执行当前函数剩余代码并直接返回到上级函数的下一条语句,点击菜单"调试"→"跳出"或按热键 Shift+F11。

- 练习逐过程调试。若只在本级函数内逐条语句执行,不再进入下级函数内部,则点击菜单"调试"→"逐过程"或按热键 F10。逐过程调试是一次执行完次级函数的所有代码,但如果次级函数内部设有断点,那么 Visual Studio 调试器会在断点处停下。

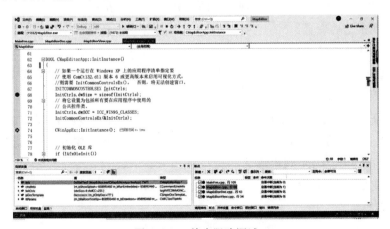

图 3.2.3　单步跟踪调试

(9)练习"执行到光标所在行"。在调试状态,在代码调试执行光标(白箭头)下方选择某行可执行语句,点击鼠标左键,然后按 Ctrl+F10,程序执行到光标所在行后停止,代码调试光标(白箭头)停在代码行左侧。

(10)练习观察局部变量。

• 结束调试,重新按热键 F5 进入调试状态。

• 观察局部变量。观察左下角"局部变量"窗口中的变量值,如图 3.2.3 所示。可以通过"调试"→"窗口"→"局部变量"打开此窗口;如果局部变量窗口不可见,请点击"局部变量"标签。对于对象变量(如 this)可点击变量左侧"+"号展开观察各成员变量。

(11)练习观察数组变量和指针变量。

• 结束调试。

• 在 BOOL CMapEditorApp::InitInstance() 函数开始处添加如下临时代码(注意该函数中的断点不要取消):

```
int  dat[10];
int  * pt;
int  i;
for(i=0;i< 10;i+ + )
    dat[i]=i+1;
pt= dat;
```

• 重新按热键 F5 进入调试状态,程序执行到断点处停下。

• 在左下角的"局部变量"窗口中可观察到数组变量 dat 和指针变量 pt。这两个变量前都有"+"号,展开 dat 前的"+"号可观察到数组中的 10 个元素的值,展开 pt 前的"+"号只能观察到指针所指的第一个元素。

• 观察指针变量所指的多个元素。点击左下角"监视 1"使该监视窗口可见,在"监视 1"窗口的最后空白行键入 pt,10 并按回车键,展开前面的"+"号可观察到 10 个元素。如图 3.2.4所示。

试试看:如果把 pt,10 改为 pt,11 观察到的元素是什么样? 思考为什么。

(12)练习观察全局变量。

• 点击左下角"监视 1"使该监视窗口可见。

• 双击选中全局变量 theApp,按住鼠标左键将 theApp 变量拖入"监视 1"窗口中,如图 3.2.4 所示,展开 theApp 变量前的"+"号可观察各成员。

(13)练习临时观察变量方法(图 3.2.4)。无论是哪种类型的变量,在调试状态,将鼠标移动到变量上,在鼠标下方出现浮动条,显示鼠标所在变量,如果是数组变量、指针变量或对象变量,则展开前面的"+"号可观察成员。

(14)观察变量的赋值过程。

• 结束调试。

• 在(11)第 2 步添加的 for 语句上设置断点(按 F9)。

• 重按热键 F5 进入调试状态,程序执行到 for 语句停下。

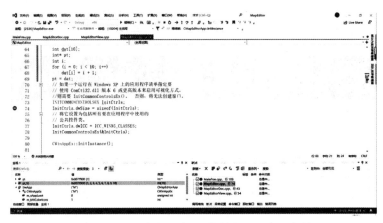

图 3.2.4　观察数组变量、指针变量和全局变量

· 在"局部变量"窗口中展开 dat 变量前的"＋"号观察数组各元素值。

· 按 F11 进行逐语句单步跟踪调试,观察"局部变量"窗口中 dat 数组元素的变化,同时观察左侧黄箭头的变化。

小提示:

√　上述练习要反复练习,熟练掌握各种热键操作。

√　调试是程序员必须掌握的基本方法,目的是快速发现代码错误、确认代码是否与设计或算法一致,从而消除代码在编写阶段产生的错误,使代码质量与设计一致,同时也是对设计和算法的再次检验,发现设计或算法中可能隐含的错误。

√　单步跟踪调试过程中最重要的是检查每一条语句的执行结果是否正确。因此查看变量的值非常重要。在编程过程中,已经确认正确的代码就不用再反复进行单步跟踪,在发现错误并修改代码后,可以在已经确认正确的代码最后一行设置断点,通过使用热键 F5 使程序运行到断点处再继续逐语句单步跟踪。

调试常用热键汇总:

√　断点设置与取消　F9

√　开始调试　F5

√　结束调试　Shift＋F5

√　逐语句单步跟踪(Step Into)　F11

√　逐过程单步跟踪(Step Over)　F10

√　执行到光标所在行　Ctrl＋F10

√　跳出函数并返回上级函数　Shift＋F11

(15)关于帮助和 F1 的使用如下。

· MSDN 一直以来都是微软学习平台的得力助手,可以分别通过在线与离线方式(即联机帮助与本地帮助)使用 MSDN,查看 C＋＋开发的相关知识或其他内容。

· 学习使用在线帮助:若本地没有安装离线的 MSDN,在 Visual Studio2010 中单击"帮助"→"查看帮助"或者热键 F1,默认打开在线的 MSDN,即随机帮助,如图 3.2.5 所示。

图 3.2.5　随机帮助(C++)

· 学习使用离线的本地帮助：需要先在本地安装 MSDN，可以在 Visual Studio installer 中单击"单个组件"然后搜索 Help Viewer，看 Help Viewer 是否安装，如图 3.2.6 所示。

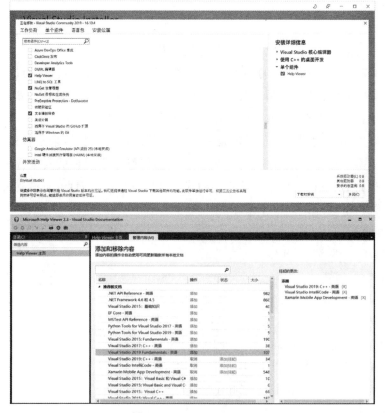

图 3.2.6　Help Viewer

· 安装后单击"帮助"→"查看帮助"或者热键 F1，即可显示 MSDN 内容。

· 在左侧点击展开内容树，可找到 C++相关的内容，或其他内容，如图 3.2.7 所示。

图 3.2.7　本地帮助(C++)

练习 3　添加菜单和工具条按钮

1. 练习内容(反复练习下列内容,达到练习目标)

(1)练习菜单和按钮的编辑方法(包括添加、修改、删除)。
(2)练习创建菜单和按钮对应的处理程序(函数)的方法。
(3)添加完成本教程所有基本功能的菜单和按钮。

2. 练习目标(实习结束时请在达到的目标前打勾"√")

(1)已掌握添加主菜单和二级菜单的方法。
(2)已掌握菜单属性主要元素的含义和修改方法。
(3)已掌握菜单编辑的其他方法(新增菜单、添加分隔线、移动菜单)。
(4)已掌握添加菜单对应的处理函数的方法。
(5)已掌握工具条按钮添加方法,以及按钮与菜单关联的方法。
(6)已掌握工具条按钮图标修改方法。

3. 上机指南

(1)如果 Visual Studio2019 中已打开 MapEditor 解决方案,则关闭解决方案(点击菜单"文件"→"关闭解决方案")。

(2)找到存放解决方案的 MapEditor 目录,删除 MapEditor 目录。

(3)按照练习 1 上机指南重新创建 MapEditor 项目(解决方案)。重新创建 MapEditor 项目的目的:一是加深巩固练习 1 的内容,二是去掉练习 2 中添加的临时代码。重新创建 MapEditor 项目时建议不再参考练习 1 的指南亦步亦趋地做,而是先创建再看看与练习 1 的指南是否一致,如果还没有完全掌握,建议删掉项目再重复创建直至能够熟练地完成。

(4)练习添加主菜单。

• 找到屏幕左侧的"资源视图"窗口,如图 3.3.1 所示。如果没有"资源视图"窗口,请点击菜单"视图"→"其他窗口"→"资源视图"打开。

• 在"资源视图"窗口中依次展开 MapEditor→MapEditor.rc→Menu,找到 IDR_MAIN-FRAME 并双击打开。IDR_MAINFRAME 菜单显示在屏幕中央,焦点落在第一个主菜单项"文件(F)"上。屏幕右下角是"属性"窗口,其中显示当前菜单项的属性,如图 3.3.1 所示。

• 鼠标左键点击不同的菜单项,观察"属性"窗口中属性值的变化。滚动"属性"窗口,了解所有可能的属性项。

图 3.3.1　编辑菜单(打开)

• 删除多余的主菜单项。鼠标右键单击主菜单上的"编辑(E)"项,在弹出的快捷菜单中点击"删除(D)"。删除主菜单会将主菜单下的子菜单也一并删除,因此在系统提示是否要继续时,选择"是(Y)"确认删除。用同样的方法尝试删除主菜单"视图(V)"及其子菜单(图 3.3.2)。

图 3.3.2　编辑菜单(删除)

• 添加主菜单项。鼠标左键单击主菜单右边的"请在此键入"的空白区域,再次使用鼠标左键单击此处后,可以输入文字。输入"窗口"两字,按回车键(Enter 键)确认。用同样的方法添加主菜单项"点编辑""线编辑""区编辑"(图 3.3.3)。

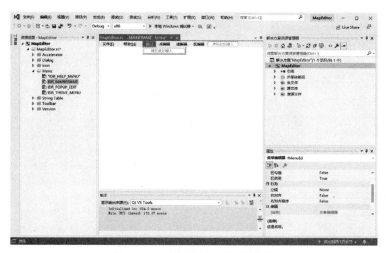

图 3.3.3 编辑菜单(添加主菜单)

· 移动菜单项。鼠标左键选中"帮助(H)"主菜单项,按住鼠标左键将"帮助(H)"菜单项移动到主菜单的最右边。

· 修改主菜单项名称,添加快选键。鼠标左键选中"窗口"主菜单项,在"属性"窗口中找到"Caption"属性,将此属性右侧的内容改为"窗口(&W)",此时"窗口"菜单项变成"窗口(W)"。用此方法,依次将"点编辑"菜单项改为"点编辑(P)"、将"线编辑"菜单项改为"线编辑(L)"、将"区编辑"菜单项改为"区编辑(R)"(图 3.3.4)。

图 3.3.4 编辑菜单(添加快选键)

小提示:

√ 快选键的作用:使用按键快速选中对应的主菜单。

(5)练习添加二级菜单。

• 添加"窗口"主菜单项下的二级子菜单(图 3.3.5)。选中"窗口"主菜单,然后在"窗口"菜单下方依次添加子菜单:放大、缩小、移动、复位、显示点、显示线、显示区。

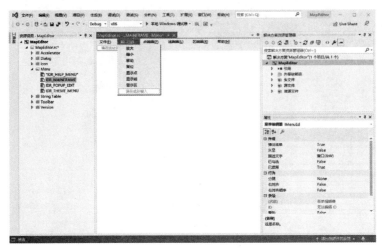

图 3.3.5　编辑菜单(添加二级菜单)

• 编辑子菜单的 ID(即唯一标识)。鼠标左键选中"窗口"主菜单下的"放大"子菜单,在右下角的"属性"窗口中找到 ID 属性项,该 ID 属性的缺省内容一般类似 ID_32773,将之改为 ID_WINDOW_ZOOM_IN,如图 3.3.6 所示,按回车键结束编辑。

图 3.3.6　"属性"窗口编辑"放大"菜单的 ID 属性

• 快速编辑"缩小"子菜单 ID。右键单击"缩小"子菜单项,选中弹出菜单中的"编辑 ID (E)"项,菜单编辑进入 ID 编辑模式,屏幕中央菜单编辑器中列出此主菜单下的所有子菜单及对应的 ID 属性,如图 3.3.7 所示。鼠标左键单击"缩小"子菜单左侧[]中的 ID,将原来的 ID 改为 ID_WINDOW_ZOOM_OUT。

快速 ID 修改结束,按鼠标右键弹出浮动菜单,再次选中"编辑 ID(E)"结束 ID 编辑模式。

• 仿照上一步的方法,快速修改"窗口"下所有子菜单 ID,详见表 3.3.1。

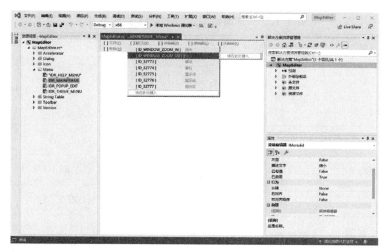

图 3.3.7 快速编辑菜单 ID

表 3.3.1 "窗口"功能相关的子菜单 ID

子菜单	ID
放大	ID_WINDOW_ZOOM_IN
缩小	ID_WINDOW_ZOOM_OUT
移动	ID_WINDOW_MOVE
复位	ID_WINDOW_RESET
显示点	ID_WINDOW_SHOW_POINT
显示线	ID_WINDOW_SHOW_LINE
显示区	ID_WINDOW_SHOW_REGION

小提示:

√ 将子菜单的 ID 修改为规范、易读的形式,便于在后面的实践中实现菜单与按钮,以及处理函数的关联。

√ 菜单 ID 采用"ID_主菜单英文名_子菜单英文名"的形式,采用大写,英文单词统一拼写。

√ ID 属性名称是 ID 码的宏定义,在 Resource.h 中可以找到。

· 仿照本小节前 3 步操作,在"点编辑"菜单下添加如下子菜单,并设置相应的 ID,见表 3.3.2。

表 3.3.2 "点编辑"功能相关的子菜单与 ID

子菜单	ID
造点	ID_POINT_CREATE
移动点	ID_POINT_MOVE
删除点	ID_POINT_DELETE
显示删除点	ID_POINT_SHOW_DELETED
恢复点	ID_POINT_UNDELETE
修改点参数	ID_POINT_MODIFY_PARAMETER
设置点缺省参数	ID_POINT_SET_DEFPARAMETER

- 仿照本小节前 3 步操作，在"线编辑"菜单下添加如下子菜单，并设置相应的 ID，见表 3.3.3。

表 3.3.3 "线编辑"功能相关的子菜单与 ID

子菜单	ID
造线	ID_LINE_CREATE
移动线	ID_LINE_MOVE
删除线	ID_LINE_DELETE
显示删除线	ID_LINE_SHOW_DELETED
恢复线	ID_LINE_UNDELETE
线上删点	ID_LINE_DELETE_DOT
线上加点	ID_LINE_ADD_DOT
连接线	ID_LINE_LINK
修改线参数	ID_LINE_MODIFY_PARAMETER
设置线缺省参数	ID_LINE_SET_DEFPARAMETER

- 仿照本小节前 3 步操作，在"区编辑"菜单下添加如下子菜单，并设置相应的 ID，见表 3.3.4。

表 3.3.4　"区编辑"功能相关的子菜单与 ID

子菜单	ID
造区	ID_REGION_CREATE
移动区	ID_REGION_MOVE
删除区	ID_REGION_DELETE
显示删除区	ID_REGION_SHOW_DELETED
恢复区	ID_REGION_UNDELETE
修改区参数	ID_REGION_MODIFY_PARAMETER
设置区缺省参数	ID_REGION_SET_DEFPARAMETER

- 仿照本小节前 3 步操作,在"文件"→"打开"菜单下添加如下子菜单,并设置相应的 ID,见表 3.3.5。

表 3.3.5　打开文件功能相关的子菜单与 ID

子菜单	ID
打开点	ID_FILE_OPEN_POINT
打开线	ID_FILE_OPEN_LINE
打开区	ID_FILE_OPEN_REGION

- 仿照本小节前 3 步操作,在"文件"→"保存"菜单下添加如下子菜单,并设置相应的 ID,见表 3.3.6。

表 3.3.6　保存文件功能相关的子菜单与 ID

子菜单	ID
保存点	ID_FILE_SAVE_POINT
保存线	ID_FILE_SAVE_LINE
保存区	ID_FILE_SAVE_REGION

- 仿照本小节前 3 步操作,在"文件"→"另存为"菜单下添加如下子菜单,并设置相应的 ID,见表 3.3.7。

表 3.3.7　另存为功能相关的子菜单与 ID

子菜单	ID
另存点	ID_FILE_SAVE_AS_POINT
另存线	ID_FILE_SAVE_AS_LINE
另存区	ID_FILE_SAVE_AS_REGION

(6)练习添加和修改工具条按钮。

· 打开工具条,使其处于编辑状态。在"资源视图"窗口展开的 MapEditor.rc 中,找到 Toolbar 项并展开,可看到一个 ID 为 IDR_MAINFRAME_256 的工具栏资源,双击打开,如图 3.3.8 所示。点击工具按钮"新建"(图 3.3.8 所示第 1 个图标),屏幕右下角工具栏"属性"窗口中显示当前按钮的属性。

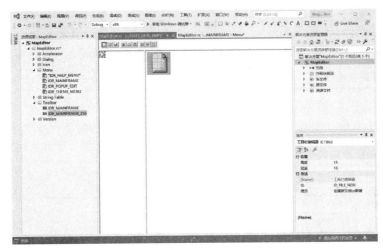

图 3.3.8   编辑工具条按钮

小提示:

√   图 3.3.8 左上角显示资源编辑工具条,包括选颜色、擦除、填充、画笔、画刷等。

· 修改工具条按钮。缺省的工具条包含"新建""打开""保存","剪切""复制""粘贴""打印","关于"3 组 8 个图形按钮,它们在同一个位图文件(res/Toolbar256.bmp)中,每一个按钮按顺序对应于位图中一个 16×15(即 16 像素宽,15 像素高)的位图片段。应用程序框架为每个按钮提供一个边框,并通过改变其边框和按钮图片的颜色来表示按钮的"按下"和"弹起"状态。

· 鼠标左键点击"新建"按钮,选择左上角的"铅笔工具"将图标随意涂改,如图 3.3.9 所示。

· 接着按热键 Ctrl+F5 执行程序,查看程序执行时的图标变化,然后退出程序。

· 在图标空白区按鼠标右键,选择弹出菜单中的"反色""水平翻转""垂直翻转"等功能可对按钮图标进行相应的图形变换。

· 熟悉工具条按钮的属性,见图 3.3.8~图 3.3.9 右下角。点击不同按钮图标,熟悉下列属性。

ID 属性:是按钮的标识符。点击"新建"按钮时,ID 值为 ID_FILE_NEW,与菜单项"文件→新建"的 ID 相同。工具栏中的按钮与菜单项具有相同的 ID 属性,使得点击菜单或按钮都执行相同的处理函数。

Prompt 属性:是在执行程序时,鼠标经过按钮时的提示文本。"新建"按钮的 Prompt 属性为"创建新文档\n 新建"。在执行程序时,每当鼠标指向此按钮,状态栏会显示"创建新文

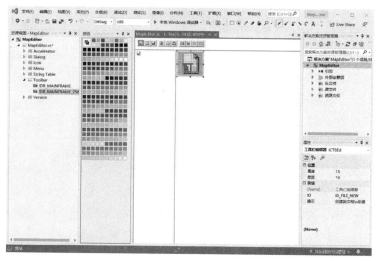

图 3.3.9　修改"新建"按钮图标

档",浮动提示框中还会显示包含"新建"的提示信息。"\n"是两者的分隔转义符。试着修改 Prompt 属性,并执行程序查看效果。

Height 属性:为按钮的像素高度,一般不用修改。

Width 属性:为按钮的像素宽度,一般不用修改。

· 添加按钮。工具栏按钮图标的最右边总是会有一个待编辑的按钮,对其进行编辑修改后,工具栏按钮图标的右侧又会自动增加一个新的空白按钮,这就实现了按钮的添加操作。在此,额外添加一个"放大"按钮,对应"窗口"→"放大"菜单的功能。

首先编辑最后一个灰色的按钮,并画上想要的图案,如图 3.3.10 所示。

然后点击新建的按钮,将 ID 属性改为"ID_WINDOW_ZOOM_IN"(使用下拉选择)。表 3.3.1 添加的"窗口"→"放大"菜单与此处添加的按钮具有相同的 ID,按钮与菜单通过相同的 ID 关联,将执行相同的"放大"操作(本练习第 7 步为菜单和按钮添加处理函数)(图 3.3.11)。

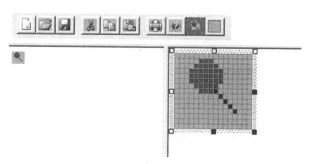

图 3.3.10　添加并绘制"放大"按钮图标

· 删除按钮图案内容。先按鼠标左键选中按钮图标,再按右键弹出菜单,点"删除"功能;或者先按鼠标左键选中按钮图标,然后按 Delete 键,也可以删除按钮图案内容。例如:选第 4 个按钮(剪切按钮),按 Delete 键,删除后图标还存在但变为黑方块,执行程序查看效果。

· 删除按钮。鼠标左键按住图标并拖出工具条的范围即可将按钮从工具条上删除。例

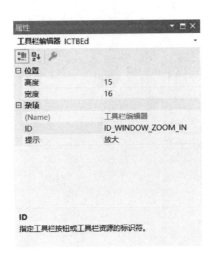

图 3.3.11　编辑"放大"按钮的 ID 属性值

如:选第 4 个按钮(剪切按钮),按住左键拖出工具条,工具条上后续图标左移,执行程序查看效果。

(7)练习添加菜单处理程序(函数)。

· 选择要添加处理程序的二级菜单。重新选中"资源视图"窗口中"Menu"下的 ID_MA-INFRAME 菜单,选择"窗口",再右键点击"放大",系统弹出如图 3.3.12 所示菜单,点击"添加事件处理程序(A)",系统弹出图 3.3.13 所示的"事件处理程序向导"窗口。

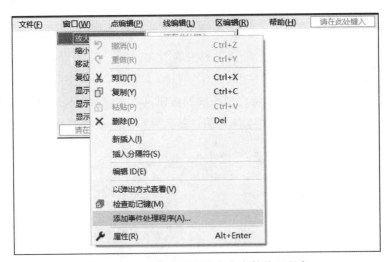

图 3.3.12　添加响应菜单命令事件处理程序

· 选择处理函数所属类,并生成处理函数。图 3.3.13 中各选项由系统根据当前项目自动生成。其中消息类型选择"COMMAND";函数处理程序名称是根据菜单 ID 自动生成,不要改变;类列表选择"CMapEditorView",即将响应 ID_WINDOW_ZOOM_IN 消息的处理函数作为 CMapEditorView 类的一个成员函数;最后点击"添加编辑"按钮,系统代码编辑器自动切换到 CMapEditorView.cpp,并将焦点落在刚添加的消息处理函数处,如图 3.3.14 所示。

· 在新生成的菜单命令处理函数中添加测试代码。在上一步骤中为"放大"菜单项添加

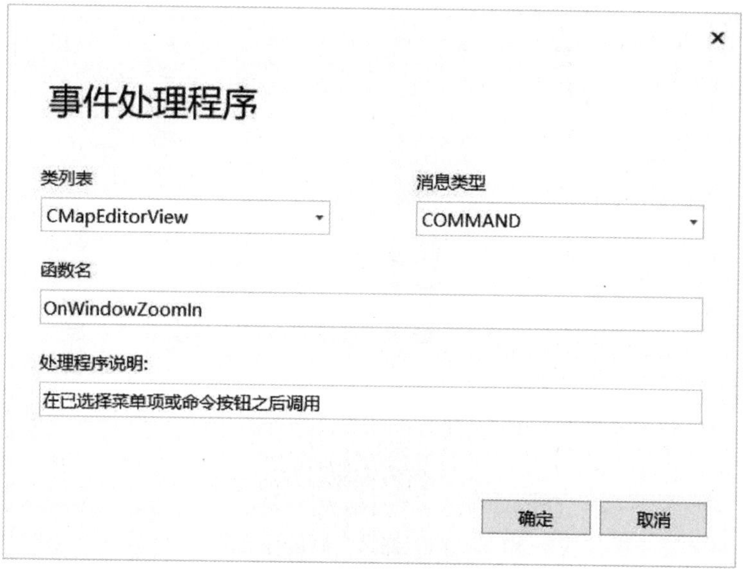

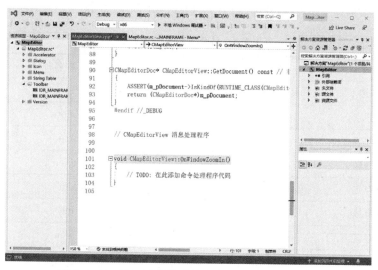

图 3.3.13　响应命令事件处理程序向导对话框

图 3.3.14　"放大"菜单项的命令事件处理程序函数

的事件处理程序函数如图 3.3.14 所示,该函数目前只有一行注释,在注释下添加如下测试
代码:

```
AfxMessageBox(_T("测试!"),MB_OK,0);
```

·测试代码。按热键 Ctrl＋F5 编译并执行程序,或者按热键 F5 调试程序。分别点击"放大"
菜单和放大按钮,系统都弹出如图 3.3.15 所示对话框。

如果顺利得到图 3.3.15 所示的结果,那么恭喜你! 你已经知道如何创建菜单、按钮及其
响应函数了!

·完成添加其他菜单命令处理函数。请参照本小节前 3 步完成添加其他菜单命令函数,

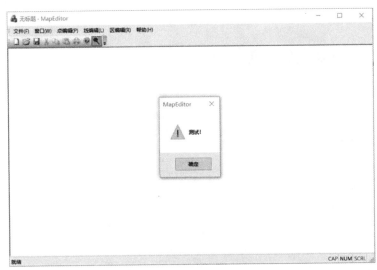

图 3.3.15　测试代码运行结果

函数命名如表 3.3.8 所示,中间注意观察图 3.3.13 和图 3.3.14 所示的各项内容的变化。

　　小提示:各菜单命令处理函数都添加到 CMapEditView 类中!

表 3.3.8　各菜单及其处理函数表

菜单	菜单命令处理函数名称
新建	OnFileNew
打开点	OnFileOpenPoint
打开线	OnFileOpenLine
打开区	OnFileOpenRegion
保存点	OnFileSavePoint
保存线	OnFileSaveLine
保存区	OnFileSaveRegion
另存点	OnFileSaveAsPoint
另存线	OnFileSaveAsLine
另存区	OnFileSaveAsRegion
退出	OnAppExit
缩小	OnWindowZoomOut
移动	OnWindowMove
复位	OnWindowReset
显示点	OnWindowShowPoint
显示线	OnWindowShowLine

续表 3.3.8

菜单	菜单命令处理函数名称
显示区	OnWindowShowRegion
造点	OnPointCreate
移动点	OnPointMove
删除点	OnPointDelete
显示删除点	OnPointShowDeleted
恢复点	OnPointUndelete
修改点参数	OnPointModifyParameter
设置点缺省参数	OnPointSetDefparameter
造线	OnLineCreate
移动线	OnLineMove
删除线	OnLineDelete
显示删除线	OnLineShowDeleted
恢复线	OnLineUndelete
线上删点	OnLineDeleteDot
线上加点	OnLineAddDot
连接线	OnLineLink
修改线参数	OnLineModifyParameter
设置线缺省参数	OnLineSetDefparameter
造区	OnRegionCreate
移动区	OnRegionMove
删除区	OnRegionDelete
显示删除区	OnRegionShowDeleted
恢复区	OnRegionUndelete
修改区参数	OnRegionModifyParameter
设置区缺省参数	OnRegionSetDefparameter

练习 4　新建文件

1. 练习内容（反复练习下列内容，达到练习目标）

（1）学习添加、修改、删除对话框资源，包括在资源中添加常用控件。

（2）学习创建对话框类，添加对话框类成员变量和成员函数。

(3)学习使用 CFile 类创建文件。

(4)了解点线区临时文件结构。

2. 练习目标(实习结束时请在达到的目标前打勾"√")

(1)掌握了对话框资源的编辑方法(包括添加、修改、删除)。

(2)掌握了在资源中添加常用控件的方法。

(3)掌握了创建对话框类的方法。

(4)掌握了对话框类成员变量与对话框资源中的控件绑定的方法。

(5)掌握了在对话框类中添加消息处理函数的方法。

(6)掌握了使用对话框类的方法。

(7)熟悉了点线区临时文件结构,会用 CFile 类创建文件。

(8)了解了点线区临时文件与永久文件的区别。

3. 操作说明及要求

(1)该实践教程实现点、线、区图形的编辑、存储、查询和显示等功能。

(2)在编辑过程中,每当执行点线区的"添加""删除""修改"等功能时,将内存中的数据保存到临时文件中;当执行"查找"或"显示"等功能时,则将临时文件中的数据读到内存中再进行显示或其他操作,其关系如图 3.4.1 所示。

(3)在执行"保存"和"另存"等功能时,则将临时文件中的数据转存到永久文件中,其关系如图 3.4.1 所示。

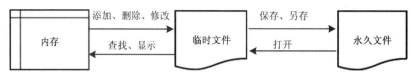

图 3.4.1　图形数据流向图

(4)"新建"功能要求能够在用户指定的目录下创建临时的点文件、线文件和区文件,用于存放编辑过程中生成的点、线、区数据。临时文件缺省目录为 MapEditor 执行程序所在目录。当用户点击"新建"功能时,要求弹出如图 3.4.2 所示界面,用户点击"更改路径"按钮后调用MFC 目录选择类获取目录并显示在目录条中,点击"确定"按钮创建临时文件。

(5)临时点文件包括一个文件,临时线文件包括两个文件,临时区文件也包括两个文件。临时文件结构说明详见 2.4 节。为降低程序复杂度,该教程所有练习都基于一套临时文件。

4. 实现过程说明

为了实现"新建文件"功能,首先需要做如下准备工作:

(1)添加对话框资源,完成如图 3.4.2 所示对话框的"样子"定义。

(2)为该对话框资源添加对应的类,即"创建文件对话框类",并为该类添加资源控件对应的成员变量和响应按钮的事件处理程序(成员函数)。

图 3.4.2　"新建"功能初始界面

新建文件的关键是修改"文件"→"新建"菜单项的事件处理程序,要实现以下流程:

(1)调用准备好的"创建文件对话框类",获得临时文件的存放路径。

(2)在指定的路径下创建临时文件。

5. 上机指南

(1)打开 Visual Studio2019,在练习 3 的基础上进行操作,注意删除测试代码。

(2)添加对话框资源。

· 在"资源视图"窗口中展开 MapEditor,再展开 MapEditor.rc。右键单击"Dialog",系统弹出如图 3.4.3 所示菜单。选择"插入 Dialog(E)",系统创建对话框资源,如图 3.4.4 左侧所示。

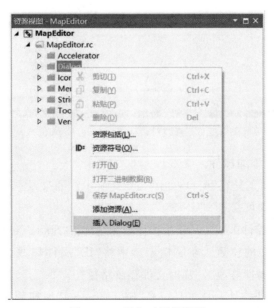

图 3.4.3　添加对话框资源

· 右键单击对话框资源的任意位置,在弹出的菜单中选择"属性(R)",系统打开对话框的"属性"窗口,如图 3.4.4 右侧所示。在属性窗口中,将 ID 修改为 IDD_CREATE_FILE。

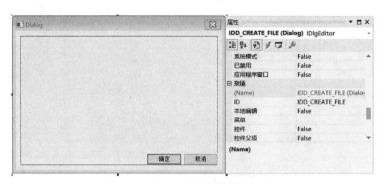

图 3.4.4　修改对话框资源属性(ID)

(3)修改对话框资源外观。在属性窗口中将"Caption"修改为"新建临时文件",如图 3.4.5 所示。

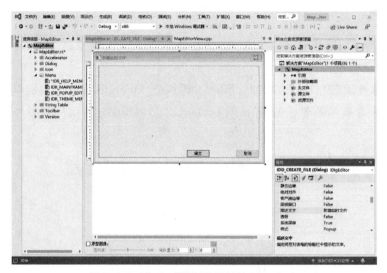

图 3.4.5　修改对话框资源属性(Caption)

(4)在对话框资源上添加控件。

· 找到屏幕侧面的"工具箱"窗口,如图 3.4.6 所示。如果没有"工具箱"窗口,点击菜单"视图"→"工具箱"打开即可。

· 添加 Static Text 控件。在工具箱中按住鼠标左键将"Static Text"拖拽到对话框中,并通过拖拽调整其在对话框中的位置。在属性窗口中将"ID"属性修改为"IDC_CREATE_FILE_STATIC",将"Caption"属性修改为"临时文件存放路径"。

· 添加 Edit Control 控件。从工具箱将"Edit Control"拖拽到对话框中,并调整好其在对话框中的位置。将鼠标移动到 Edit Control 控件的边缘按住左键可以调整 Edit Control 控件的大小。在属性窗口中将"ID"属性修改为"IDC_CREATE_FILE_ADDRESS",将"Read Only"属性修改为"True"。

· 添加 Button 控件。将"Button"拖拽到对话框中,调整好位置和大小,将"ID"属性修改为"IDC_CREATE_FILE_CHANGE_ADDRESS_BTN",将"Caption"属性修改为"更改路径"。

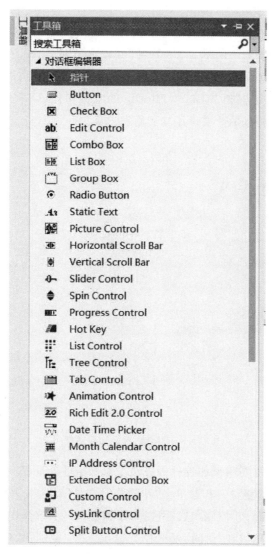

图 3.4.6　工具箱窗口

· 调整对话框外观。将"确定"按钮、"取消"按钮和其他控件拖拽到适当位置，并调整好大小，尽量做到界面布局美观、大小协调、含义清晰，结果如图 3.4.7 所示。

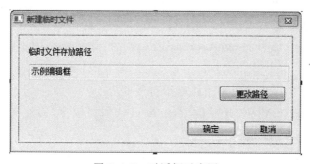

图 3.4.7　对话框示意图

(5)为对话框资源添加对话框类。

右键单击对话框的空白处然后选择"添加类"或双击对话框的空白处,系统弹出"MFC 添加类向导"对话框,如图 3.4.8 所示。在"类名"处输入"CCreateFileDlg",这时". h 文件"和". cpp 文件"会自动填上"CreateFileDlg. h"和"CreateFileDlg. cpp";然后点击"完成"按钮,系统自动创建"创建文件对话框类"CCreateFileDlg 的定义文件(CreateFileDlg. h)和实现文件(CreateFileDlg. cpp),并将这两个文件添加到解决方案中。

图 3.4.8 为对话框添加对话框类

(6)在 CCreateFileDlg 类中添加控件的成员变量和事件处理程序。

• 添加与控件对应的变量。右键单击"新建临时文件"对话框中的 IDC_CREATE_FILE_ADDRESS 控件(Edit Control 控件),然后选择"添加变量",系统弹出"添加成员变量向导"对话框,如图 3.4.9 所示。依次在"访问"处选择"public",在"类别"处选择"Value",在"变量类型"处选择"CString",在变量名处输入"m_add",最后点击"完成"按钮。

• 添加事件处理程序。右键单击"新建临时文件"对话框中的"更改路径"按钮(Button 控件),选择"添加事件处理程序",系统弹出"事件处理程序向导"对话框,如图 3.4.10 所示。"消息类型"选择"BN_CLICKED","类列表"选择"CCreateFileDlg","函数处理程序名称"保留缺省设置,不作修改。最后点击"添加编辑"按钮,系统就在 CCreateFileDlg 中添加了成员函数 OnBnClickedCreateFileChangeAddressBtn(),并打开 CreateFileDlg. cpp,编辑光标落在刚添加的函数上。

(7)在"新建"菜单响应函数中调用并显示对话框。

• 首先在"MapEditorView. cpp"的 include 区域添加包含"创建文件对话框类"的头文件,即 #include "CreateFileDlg. h"语句。

• 然后在"MapEditorView. cpp"中找到"新建"菜单项的事件处理程序 OnFileNew(),添加如下代码:

图 3.4.9　添加控制变量

图 3.4.10　为按钮添加事件处理程序

```
CCreateFileDlg dlg;
dlg.DoModal();
```

· 最后按热键 F5 调试程序,左键点击"文件"→"新建"菜单,就可以看到"新建临时文件"对话框,如图 3.4.11 所示。但除此之外,该对话框什么也不能做,因为对话框操作和CCreateFileDlg 类之间还没有完全关联,另外 OnFileNew()函数也还需要编写创建文件的代码。

(8)完善对话框类 CCreateFileDlg。

· 获取文件夹地址。为了实现打开"新建临时文件"对话框时就能显示执行程序地址的

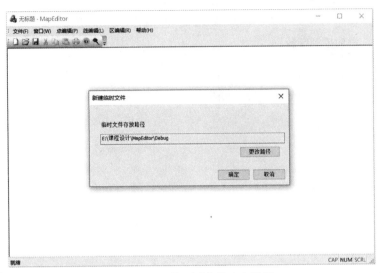

图 3.4.11 "新建"菜单响应效果

功能,我们需要在"CreateFileDlg. cpp"文件中的对话框类构造函数 CCreateFileDlg∷CCre-ateFileDlg(CWnd ∗ pParent / ∗ ＝nullptr ∗ /)中添加如下代码:

```
HMODULE module = GetModuleHandle(0);
char* pFileName = new char[MAX_PATH];
GetModuleFileName(module, LPWSTR(pFileName), MAX_PATH);
m_add.Format(_T("% s"), pFileName);
int nPos = m_add.ReverseFind(_T('\\'));
if (nPos < 0)
{
    m_add= "";
}
else
{
    m_add= m_add.Left(nPos);//得到.EXE 的文件地址
}
delete[]pFileName;
```

添加上述代码后,按热键 F5 运行,程序运行后效果如图 3.4.2 所示。

· 为"更改路径"按钮添加事件处理程序实现路径更改。在"CreateFileDlg. cpp"文件中找到"更改路径"按钮的事件处理程序函数 void CCreateFileDlg∷OnBnClickedCreate-FileChangeAddressBtn(),并在函数中添加如下代码:

```
BROWSEINFO bInfo;
ZeroMemory(&bInfo, sizeof(bInfo));
bInfo.hwndOwner = GetSafeHwnd();
bInfo.lpszTitle = _T("请选择临时文件的存放路径:");
bInfo.ulFlags = BIF_RETURNONLYFSDIRS;
```

```
LPITEMIDLIST lpDlist;            //用来保存返回信息的 IDList
lpDlist = SHBrowseForFolder(&bInfo);    //显示选择对话框
if (lpDlist != NULL) //用户按了确定按钮
{
    TCHAR chPath[MAX_PATH];  //用来存储路径的字符串
    SHGetPathFromIDList(lpDlist, chPath);//把项目标识列表转化成字符串
    m_add= chPath; //将 TCHAR 类型字符串转换为 CString 类型字符串
    UpdateData(FALSE); //将变量值持续更新到控件
}
```

　　添加上述代码后,按热键 F5 运行程序,点击"新建"菜单,再点击对话框上的"更改路径"按钮,显示如图 3.4.12 所示路径选择对话框。

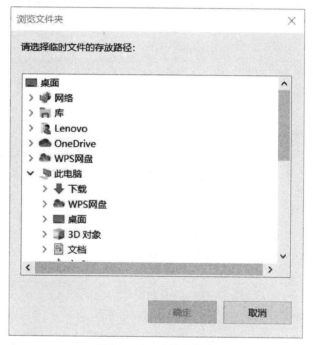

图 3.4.12　选择文件夹

　　(9)添加全局控制变量。

　　鼠标左键双击打开"解决方案"窗口中的 MapEditorView.cpp。在 MapEditorView.cpp的顶部(如图 3.4.13 位置)添加如下代码,定义点、线、区编辑所需要的全局变量。

　　定义点、线、区编辑所需要的全局变量如下:

```
///- - - - - - - - - 点数据相关的全局控制变量- - - - - - - - - - ///
bool GPntFCreated= false;        //临时文件是否创建
CString GPntFName;               //永久文件名(含路径)
CString GPntTmpFName= CString("tempPntF.dat"); //临时文件名(含路径)
bool GPntChanged= false;    //是否更改
int GPntNum=0;                  //物理数
```

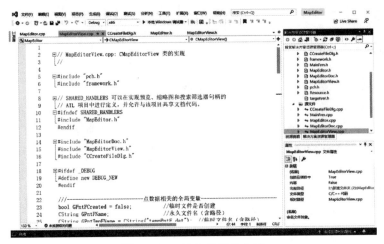

图 3.4.13　添加代码的位置

```
    int GPntLNum=0;              //逻辑数
    CFile* GPntTmpF= new CFile();    //读取临时文件的指针对象
///--------线数据相关的全局控制变量---------///
    bool GLinFCreated= false;      //临时文件是否创建
    CString GLinFName;          //永久文件名(含路径)
    CString GLinTmpNdxFName= CString("tempLinF.ndx"); //临时索引文件名(含路径)
    CString GLinTmpDatFName= CString("tempLinF.dat"); //临时数据文件名(含路径)
    bool GLinChanged= false;    //是否更改
    int GLinNum=0;               //物理数
    int GLinLNum=0;              //逻辑数
    CFile* GLinTmpDatF= new CFile(); //读取临时数据文件的指针对象
    CFile* GLinTmpNdxF= new CFile(); //读取临时索引文件的指针对象
///---------区数据相关的全局控制变量----------///
    bool GRegFCreated= false;      //临时文件是否创建
    CString GRegFName;          //永久文件名(含路径)
    CString GRegTmpNdxFName= CString("tempRegF.ndx"); //临时索引文件名(含路径)
    CString GRegTmpDatFName= CString("tempRegF.dat"); //临时数据文件名(含路径)
    bool GRegChanged= false;    //是否更改
    int GRegNum=0;               //物理数
    int GRegLNum=0;              //逻辑数
    CFile* GRegTmpDatF= new CFile(); //读取临时数据文件的指针对象
    CFile* GRegTmpNdxF= new CFile(); //读取临时索引文件的指针对象
```

(10)实现新建临时文件的功能(MapEditorView.cpp)。

· 为防止临时文件重复创建,在"新建"菜单项的事件处理程序 OnFileNew()的原有代码前添加如下代码:

```
//检测是否已新建临时文件,已有临时文件则返回
if (GPntFCreated && GLinFCreated && GRegFCreated)
{
    MessageBox(L"File have been created.", L"Meaasge", MB_OK);
    return;
}
```

· 在事件处理程序 OnFileNew()原有代码的基础上进一步修改,实现用户点击对话框上的"确定"按钮时才新建临时文件的功能。对话框类的 DoModal()函数会产生一个返回值,这个返回值说明用户点击的按钮类型。用户点击"确定"按钮返回 IDOK,点击"取消"则返回 IDCANCEL。因此要对 DoModal()的返回值进行判断,只有返回值为 IDOK 时才执行新建文件的流程。将第(7)步添加的显示对话框语句修改如下:

```
CCreateFileDlg dlg;//创建"新建临时文件"对话框对象
if (dlg.DoModal() ! = IDOK)//判断当前操作是否为"确定"按钮,不是则
    return;
CString str; // 创建输出信息对象
if (! GPntFCreated)//判断点临时文件是否存在,不存在则新建
{
    //临时点数据文件名
    GPntTmpFName= dlg.m_add + CString("\\") + GPntTmpFName;
    if (GPntTmpF- > Open(GPntTmpFName, CFile::modeCreate
     | CFile::modeReadWrite | CFile::typeBinary))
    {
        GPntFCreated = true;//设置点临时文件新建成功标志值
        str+ = "tempPntF.dat\n";
    }
    else
    {
        GPntTmpFName= CString("tempPntr.dat");
        TRACE(_T("File could not be opened n"));
    }
}
if (! GLinFCreated)//判断线临时文件是否存在,不存在则新建
{
    //临时线索引文件名
    GLinTmpNdxFName= dlg.m_add + CString("\\") + GLinTmpNdxFName;
    //临时线数据文件名
    GLinTmpDatFName= dlg.m_add + CString("\\") + GLinTmpDatFName;
```

```
    if (GLinTmpNdxF- > Open(GLinTmpNdxFName, CFile::modeCreate | CFile::modeRead-
Write | CFile::typeBinary) && GLinTmpDatF- > Open (GLinTmpDatFName, CFile::mode-
Create | CFile::modeReadWrite | CFile::typeBinary))
{
    GLinFCreated = true;//设置线临时文件新建成功标志值
    str+ = "tempLinF.dat templinF.ndx\n";
}
else
    {
        GLinTmpDatFName= CString("tempLinF.dat");
        GLinTmpNdxFName= CString("tempLinF.ndx");
        TRACE(_T("File could not be opened \n"));
    }
}
if (! GRegFCreated)//判断区临时文件是否存在,不存在则新建
{
    //临时区索引文件名
    GRegTmpNdxFName= dlg.m_add + CString("\\") + GRegTmpNdxFName;
    //临时区数据文件名
    GRegTmpDatFName= dlg.m_add + CString("\\") + GRegTmpDatFName;
    if (GRegTmpNdxF- > Open(GRegTmpNdxFName, CFile::modeCreate
    |CFile::modeReadWrite | CFile::typeBinary) && GRegTmpDatF- > Open(GRegTmpDat-
FName, CFile::modeCreate | CFile::modeReadWrite | CFile::typeBinary))
    {
        GRegFCreated = true; // 设置区临时文件新建成功标志值
        str+ = "tempRegF.ndx tempRegF.dat\n";
    }
    else
    {
        GRegTmpNdxFName= CString("tempRegF.ndx");
        GRegTmpDatFName= CString("tempRegF.dat");
        TRACE(_T("File could not be opened\n"));
    }
}
if (GPntFCreated && GLinFCreated && GRegFCreated)
{
    str+ = "creat successful!";
    MessageBox(str, L"message", MB_OK);//新建临时文件成功弹出提示框
}
```

· 编译执行,观察运行结果。鼠标左键单击"新建",在弹出的"新建文件"对话框中选择

新建文件的地址。选好地址左键单击确定。然后再在"新建文件"对话框中点击确定。如果成功则弹出对话框提示新建成功,如果失败则弹出失败原因。新建成功之后在所选的文件夹中可以找到新建的五个文件如图 3.4.14 所示的提示框中。

图 3.4.14　新建临时文件成功

练习 5　造点

1. 练习内容(反复练习下列内容,达到练习目标)

(1)学习如何在解决方案中添加.h 文件和.cpp 文件。
(2)练习数据结构定义。
(3)学习 MFC 图形绘制方法。
(4)学习如何将点数据写入临时文件中。

2. 练习目标(实习结束时请在达到的目标前打勾"√")

(1)已经掌握了在解决方案中添加文件的方法。
(2)已经掌握了数据结构的定义和使用方法。
(3)理解了 typedef、♯ifndef、♯endif、♯include 等宏命令和伪指令的作用。
(4)已经理解 MFC 绘图的基本原理,掌握了画笔、画刷等基本绘图对象的创建和使用方法。
(5)理解了设备描述符 DC 的作用及其与画笔、画刷的关系。
(6)已经掌握了屏幕上画点的绘图函数。
(7)已经掌握了文件的概念和定位、读、写等文件函数的用法,掌握将点数据保存到临时文件中的方法。

3. 操作说明及要求

该功能首先判断是否已新建点临时文件,如果没有则弹出对话框提示点临时文件没有创建。

在已建立点临时文件的情况下,每次点击鼠标左键,在点击位置按照缺省颜色和图案画点,并将点数据写入点临时文件。

4. 实现过程说明

该功能的实现需要修改以下两个消息响应函数:

一个是"点编辑"→"造点"菜单命令处理函数 OnPointCreate,在该函数中设置相应的操作状态。

另一个是鼠标左键弹起消息响应函数 OnLButtonUp,在该函数中添加针对"造点"操作状态的代码,实现画点并将点数据写入临时文件的功能。

为了实现上述流程,需要编写以下两个辅助函数:

(1)点绘制函数:DrawPnt。

(2)将点数据写入点临时文件的函数:WritePntToFile。

5. 上机指南

(1)启动 Visual Studio2019,在练习 4 的基础上进行以下练习操作。

(2)定义点的数据结构。

· 添加"MyDataType. h"头文件。打开解决方案并且展开,右键单击"头文件",在弹出菜单中选择"添加"→"新建项",如图 3.5.1 所示。

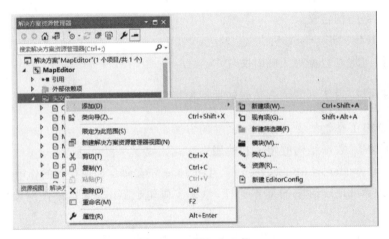

图 3.5.1　添加头文件

· 在弹出的对话框中选择"头文件(. h)",如图 3.5.2 所示。名称中写入 MyDataType,然后点击"添加(A)"按钮,系统创建 MyDataType. h 并添加到解决方案中。

· 为头文件添加宏定义,防止头文件被重复包含。打开"MyDataType. h"文件,向其中添加代码:

图 3.5.2　添加头文件

```
# ifndef MYDATETYPE_H
# define MYDATETYPE_H
# endif
```

说明：下面所有的函数声明以及数据结构的定义都添加在 ♯ define MYDATATYPE_H 和 ♯ endif 之间，如下一步的代码所示。

· 添加点的数据结构。打开新建的"MyDataType. h"头文件，在其中添加点的数据结构定义（见如下代码）：

```
# ifndef MYDATETYPE_H
# define MYDATETYPE_H
typedef struct {
    double x;//点位坐标 X
    double y;//点位坐标 Y
    COLORREF color;//点颜色
    int pattern;//点图案号
    char isDel;//是否被删除
}PNT_STRU;
# endif
```

（3）编写点的绘制点函数。

· 添加头文件并添加绘制点函数的声明。参照本上机指南（2）第 2 步方法添加一个"paint. h"头文件，该头文件用以添加绘图函数的声明。在新添加的头文件中添加宏定义，并在宏定义之间添加绘制点函数的声明，代码如下所示：

```
# ifndef PAINT_H
# define PAINT_H
# include"MyDateType.h"
void DrawPnt(CClientDC*  dc, PNT_STRU point);//绘制点函数声明
# endif
```

· 添加源文件。打开解决方案资源管理器并展开其目录，右键单击"源文件"，在弹出菜单中选择"添加"→"新建项"；在弹出的对话框中选择"C＋＋文件(.cpp)"，名称中写入"paint"，然后点击"添加（A）"按钮，系统将创建源文件 paint.cpp 并添加到解决方案中（图 3.5.3）。

图 3.5.3　添加 C＋＋文件

打开新添加的源文件"paint.cpp"，并添加包含头文件的代码如下：

```
# include"pch.h"
# include "paint.h"
# include< math.h>
```

其中，第一个头文件是 MFC 预编译的头文件，第二个头文件是我们新添加的绘图的头文件。代码中双引号中的头文件是工程文件下的头文件，尖括号中的头文件是系统的头文件。

· 定义画点函数。打开新建的"paint.cpp"源文件，在＃include 语句下面编写画点函数如下：

```
/* 根据传入 DrawPnt 函数的参数不同而画出不同颜色和不同类型的点* /
void DrawPnt(CClientDC*  dc, PNT_STRU point)
{
  CBrush brush(point.color);
  CPen pen(PS_SOLID, 1, point.color);
  CObject*  oldObject;
  switch (point.pattern)
```

```
{
//点的形状:十字形、圆形、五角星形
case 0: oldObject= dc-> SelectObject(&pen);
  dc-> MoveTo((long)point.x-4, (long)point.y);
  dc-> LineTo((long)point.x+4, (long)point.y);
  dc-> MoveTo((long)point.x, (long)point.y-4);
  dc-> LineTo((long)point.x, (long)point.y+4);
  break;
case 1: oldObject= dc-> SelectObject(&brush);
  dc-> Ellipse((long)point.x-2, (long)point.y-2, (long)point.x+2, (long)point.y
+2);
  break;
case 2:oldObject= dc-> SelectObject(&pen);
//外部顶点,内部顶点
POINT external_pt[5], interior_pt[5];
//外部圆半径,内部圆半径
double external_r= 10, interior_r= external_r / 2;
//先顺时针求外部顶点,依次为正上方、右上方、右下方、左下方、左上方
external_pt[0].x= (long)point.x;
external_pt[0].y = long(point.y - external_r);
external_pt[1].x = long(point.x+ (external_r* cos(18.0* 3.14/180)));
external_pt[1].y = long(point.y- (external_r* sin(18.0* 3.14/180)));
external_pt[2].x = long(point.x+ (external_r* sin(36.0* 3.14/180)));
external_pt[2].y = long(point.y+ (external_r* cos(36.0* 3.14/180)));
external_pt[3].x = long(point.x- (external_r* sin(36.0* 3.14/180)));
external_pt[3].y = long(external_pt[2].y);
external_pt[4].x = long(point.x- (external_r* cos(18.0* 3.14/180)));
external_pt[4].y = long(external_pt[1].y);
//再顺时针求内部顶点,依次为:右上方、右下方、正下方、左下方、左上方
interior_pt[0].x = long(point.x+ (interior_r* cos(54.0* 3.14/180)));
interior_pt[0].y = long(point.y- (interior_r* sin(54.0* 3.14/180)));
interior_pt[1].x = long(point.x+ (interior_r* sin(72.0* 3.14/180)));
interior_pt[1].y = long(point.y+ (interior_r* cos(72.0* 3.14/180)));
interior_pt[2].x = long(point.x);
interior_pt[2].y = long(point.y + interior_r);
interior_pt[3].x = long(point.x- (interior_r* sin(72.0* 3.14/180)));
interior_pt[3].y = long(interior_pt[1].y);
interior_pt[4].x = long(point.x- (interior_r* cos(54.0* 3.14/180)));
interior_pt[4].y = long(interior_pt[0].y);
dc-> MoveTo((long)external_pt[0].x, (long)external_pt[0].y);
```

```
dc- > LineTo((long)interior_pt[0].x, (long)interior_pt[0].y);
for (int i= 1; i < 5; i+ + )
{
  dc- > LineTo((long)external_pt[i].x, (long)external_pt[i].y);
  dc- > LineTo((long)interior_pt[i].x, (long)interior_pt[i].y);
}
dc- > LineTo((long)external_pt[0].x, (long)external_pt[0].y);
break;
}
dc- > SelectObject(oldObject= dc- > SelectObject(&pen));
}
```

(4)编写将点数据写入临时文件的函数。

· 添加头文件并在其中添加将点数据写入临时文件的函数声明。参照练习 1 上机指南(2)第 7 步的方法添加一个用来声明读写文件函数的头文件"WriteOrRead. h",然后添加相应的宏定义,并在宏定义之间添加如下头文件以及声明。

```
# ifndef WRITEORREAD_H
# define WRITEORREAD_H
# include"MyDateType.h"
void WritePntToFile(CFile* PntTmpF, int i, PNT_STRU& point);//将点数据写入临时文件的函数声明
# endif
```

· 添加源文件。参照本练习上机指南(3)第 2 步的方法添加一个用来定义读写文件函数的源文件"WriteOrRead. cpp",并添加包含头文件的语句如下:

```
# include "pch.h"
# include"WriteOrRead.h"
```

· 编写将点数据写入临时文件的函数。打开新建的"WriteOrRead. cpp",在#include 语句下面编写点数据写临时文件函数,代码如下:

```
void WritePntToFile(CFile* PntTmpF, int i, PNT_STRU& point)
{
    PntTmpF- > Seek(i * sizeof(PNT_STRU), CFile::begin);//重新定位指针
    PntTmpF- > Write(&point,sizeof(PNT_STRU));//读取数据
}
```

说明:此函数可以实现将点数据从文件的结尾处开始写入。

(5)修改"点编辑"→"造点"的菜单相应函数,设置操作状态。

· 定义操作状态,操作状态的含义见 2.4.3 小节。打开文件 MapEditorView. cpp,在添加全局变量的位置添加如下代码:

```
///- - - - - - - - - - - - - - - 与操作相关- - - - - - - - - - - - - ///
enum Action {

  Noaction,

  OPERSTATE_INPUT_PNT,

  OPERSTATE_DELETE_PNT,

  OPERSTATE_MOVE_PNT,

  OPERSTATE_INPUT_LIN,

  OPERSTATE_DELETE_LIN,

  OPERSTATE_MOVE_LIN,

  OPERSTATE_INPUT_REG,

  OPERSTATE_DELETE_REG,

  OPERSTATE_MOVE_REG,

  OPERSTATE_ZOOM_IN,

  OPERSTATE_ZOOM_OUT,

  OPERSTATE_WINDOW_MOVE,

  OPERSTATE_LIN_DELETE_PNT,

  OPERSTATE_LIN_ADD_PNT,

  OPERSTATE_LINK_LIN,

  OPERSTATE_MODIFY_POINT_PARAMETER,

  OPERSTATE_MODIFY_LINE_PARAMETER,

  OPERSTATE_MODIFY_GEGION_PARAMETER,

  OPERSTATE_UNDELETE_PNT,

  OPERSTATE_UNDELETE_LIN,

  OPERSTATE_UNDELETE_REG,

};//枚举操作状态
Action GCurOperState;//操作参数
```

· 设置"造点"的操作状态。打开文件 MapEditorView. cpp,找到"点编辑"→"造点"菜单项对应的事件处理程序 OnPointCreate(),在该函数中设置当前操作状态为"造点",即将表示当前操作状态的全局变量 GCurOperState 设置为 OPERSTATE_INPUT_PNT。OnPointCreate()函数内添加如下代码:

```
if (GPntFCreated)
{
    GCurOperState = OPERSTATE_INPUT_PNT;//设置为"造点"状态
}
else
{
    MessageBox(L"File have not been created.", L"Message", MB_OK);
}
```

(6)添加头文件与造点相关的全局变量。

在 CMapEditorView. cpp 中添加包含头文件"Paint. h"和"WriteOrRead. h"的语句,并添加如下全局变量代码:

```
///- - - - - - - - - - 默认点构造与临时点构造- - - - - - - - - - ///
PNT_STRU GPnt= { GPnt.isDel=0, GPnt.color= RGB(0,0,0), GPnt.pattern=0 };//默认构造
点参数
```

(7)捕获鼠标操作消息。

· 先打开"视图"→"类视图",展开"MapEditor",在列表中选择要实现鼠标捕获消息的类"CMapEditorView";然后在属性窗口中,点击"消息"图标,在消息列表中寻找 WM_LBUTTONDOWN(鼠标左键按下)和 WM_LBUTTONUP(鼠标左键弹起)两个消息,属性值中下拉并选择消息响应函数,如图 3.5.4 所示。系统将自动生成相应的消息响应函数 OnLButtonDown()和 OnLButtonUp(),并添加到 CMapEditorView 类中,如图 3.5.5 所示。

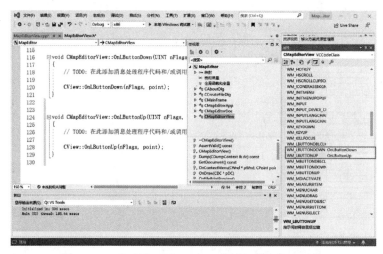

图 3.5.4　为 CMapEditorView 类添加消息相应函数

图 3.5.5　CMapEditorView 类的 OnLButtonDown 和 OnLButtonUp 函数

· 为鼠标左键消息添加响应代码。找到 MapEditorView.cpp 里的 OnLButtonUp()，在
TODO 注释后面添加如下代码：

```
CClientDC dc(this); //画笔,定义 dc 时调用构造函数
dc.SetROP2(R2_NOTXORPEN); //绘图的模式设置
if (GPntFCreated) //已创建临时文件
{
    switch (GCurOperState)
    {
    case OPERSTATE_INPUT_PNT: //当前为绘制点状态
        PNT_STRU pnt; //点对象
        memcpy_s(&pnt,sizeof(PNT_STRU), &GPnt, sizeof(PNT_STRU));
        pnt.x = point.x; //设置点坐标的 x
        pnt.y = point.y; //设置点坐标的 y
        WritePntToFile(GPntTmpF, GPntNum, pnt);//将点写入临时文件
        DrawPnt(&dc, pnt);//绘制点
        GPntNum+ + ;//点物理数加 1
        GPntLNum+ + ;//点逻辑数加 1
        GPntChanged = true; //是否更改标志设置为 true
        break;
    default:
        break;
    }
}
```

(8)编译测试。

按热键 F5 启动程序，调试运行。运行程序后，先新建临时文件(若已有则不需新建)，然
后单击"点编辑"→"造点"，如图 3.5.6 所示，最后在空白的客户区按下鼠标左键绘制点，效果
如图 3.5.7 所示。

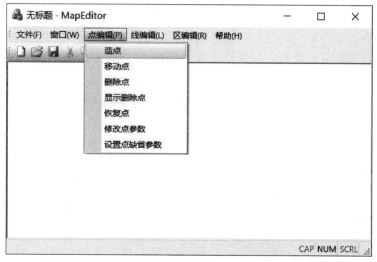

图 3.5.6 "造点"命令

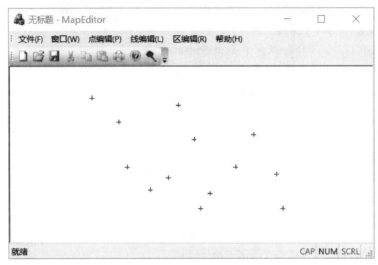

图 3.5.7 "造点"命令测试

练习 6 保存点文件

1. 练习内容(反复练习下列内容,达到练习目标)

(1)练习二进制文件读写方法,掌握二进制文件结构。

(2)学习 CFileDialog 类的使用方法。

(3)学习 CFile 类的使用方法。

(4)阅读 CFile 类定义,熟悉 public、enum、virtual、static 等关键字的用法。

(5)练习编写注释,在注释中准确表达编程思维。

2. 练习目标(实习结束时请在达到的目标前打勾"√")

(1)已掌握在二进制文件中存放不同数据的结构化方法。

(2)已掌握 CFile 类的用法,理解和掌握 Open、Seek、Read、Write 等主要成员函数各个参数的含义和用法。

(3)已理解静态成员函数和一般成员函数的区别,掌握静态成员函数(如 CFile 类的 Remove)的用法。

(4)已掌握 public、enum、virtual、static 等关键字的含义和用法。

3. 操作说明及要求

(1)执行"保存"文件功能时将临时文件中的数据转存到永久文件中,其关系如图 3.6.1 所示(临时文件和永久文件的数据结构请参照 2.4.2 小节内容)。

(2)"保存"菜单下分三个子菜单"保存点""保存线""保存区",其功能分别是把点临时文件、线临时文件、区临时文件中的数据转存到相应的永久文件中。要求点永久文件的扩展名

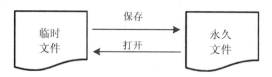

图 3.6.1 保存文件图形数据流向图

为".pnt",线永久文件的扩展名为".lin",区永久文件的扩展名为".reg"。

4. 实现过程说明

修改"文件"→"保存"→"保存点"菜单项的事件处理程序,并实现以下流程:

(1)使用文件对话框类(CFileDialog)弹出"保存"对话框,如图 3.6.4 所示,使用户可以选择创建点永久文件的文件路径。

(2)在用户选定的文件路径下创建点永久文件。

(3)将点临时文件中的数据转存到点永久文件中。

为了实现上述流程,需要编写从临时文件中读取点数据的函数 ReadTempFileToPnt。

5. 上机指南

(1)打开 Visual Studio2019,在练习 5 的基础上进行以下练习。

(2)在"MyDataType.h"中定义文件版本结构,添加版本信息:

```
typedef struct{
        char  flag[3];     //标志符 PNT  LINREG
        int  version;     //10,可理解为 1.0 版本
}VERSION;
```

(3)在"MapEditorView.cpp"中添加文件版本信息的全局变量及其初始值:

```
VERSION GPntVer= {
     GPntVer.flag[0]= 'P',
     GPntVer.flag[1]= 'N',
     GPntVer.flag[2]= 'T',
     GPntVer.version= 10    //默认版本号
};
```

(4)添加读临时点文件函数。

· 在"WriteOrRead.h"中添加读临时点文件函数的声明:

```
//从临时点文件读取点数据的函数声明
void ReadTempFileToPnt(CFile*  PntTmpF, int i, PNT_STRU& point);
```

· 在其实现文件"WriteOrRead.cpp"中添加相应的函数代码如下:

```
/* 从临时点文件读取点数据*/
void ReadTempFileToPnt(CFile*  PntTmpF, int i, PNT_STRU& point)
{
```

```
    PntTmpF- > Seek(i * sizeof(PNT_STRU), CFile::begin);//重新定位指针
    PntTmpF- > Read(&point, sizeof(PNT_STRU));//读取数据
}
```

(5)修改"文件"→"保存"→"保存点"菜单项的事件处理程序。打开"MapEditorView.cpp",找到 OnFileSavePoint()函数,按照上述实现过程说明添加如下代码:

```
GCurOperState = Noaction;
//1. 如果还没有新建或打开点文件,则提示文件还没有打开,然后返回
if (GPntFCreated = = false)
{
  MessageBox(L"File have not been created.", L"Message", MB_OK);
  return;
}
CFile* pntF= new CFile();
//2. 如果点文件名不为空,则删除原来的文件,否则调用 CFileDialog 类让用户输入文件名
if (GPntFName.IsEmpty() = = false)
{
  CFile::Remove(GPntFName);
}
else
{
  LPCTSTR lpszFilters;
  lpszFilters= _T("点(* .pnt)|* .pnt||");
  CFileDialog dlg(false, _T("pnt"), NULL, OFN_HIDEREADONLY |
  OFN_OVERWRITEPROMPT, lpszFilters);
  int nPos= GPntTmpFName.ReverseFind(_T('\\'));
  CString folderAdd= GPntTmpFName.Left(nPos);
  dlg.m_ofn.lpstrInitialDir= folderAdd;
  if (dlg.DoModal() = = IDOK)
      GPntFName= dlg.GetPathName();
  else
      return;
}
PNT_STRU tempPnt;
//3. 重新创建点永久文件,并写入版本信息,点物理数和逻辑数
if(pntF- > Open(GPntFName,CFile::modeCreate|CFile::modeWrite|CFile::typeBinary))
{
  pntF- > Write(&GPntVer, sizeof(VERSION));
  pntF- > Write(&GPntNum, sizeof(int));
  pntF- > Write(&GPntLNum, sizeof(int));
```

```
    }
    else
    {
      TRACE(_T("File could not be opened\n"));
    }
    //4.将点临时文件中的信息逐条写到永久文件中
    for (int i=0; i < GPntNum; i++)
    {
      ReadTempFileToPnt(GPntTmpF, i, tempPnt);
      pntF-> Write(&tempPnt, sizeof(PNT_STRU));
    }
    pntF-> Close();
    delete pntF;
    //5.修改数据变化标志,改变主窗口标题名称
    GPntChanged= false;
    int nPos= GPntFName.ReverseFind(_T('\\'));
    CString windowText= GPntFName.Right(GPntFName.GetLength()- nPos- 1) + " - Ma-
    pEditor";
    GetParent()-> SetWindowTextW(windowText);
```

（6）查看类定义。鼠标右键单击 CFile 类,然后在弹出菜单中选择"转到定义",系统将转到 CFile 类的原始定义处,即 afx.h 文件中;或者直接在"外部依赖项"下找到 afx.h 文件,鼠标左键双击打开,通过查找可以找到 CFile 类的原始定义,如图 3.6.2 所示,请逐行阅读,熟悉其中的关键字含义。

图 3.6.2　查看 CFile 类定义

（7）通过上述步骤添加"保存点"的相关代码后,按热键 F5 运行程序,在程序中进行保存点操作:先在已创建的临时文件中"造点",然后单击"文件"→"保存（S）"→"保存点",如图 3.6.3 所示,将会弹出如图 3.6.4 所示的对话框,保存点的路径默认为程序创建临时文件的目录(..\MapEditor\Debug),保存点后生成一个后缀为.pnt 的点文件,如图 3.6.5 所示。

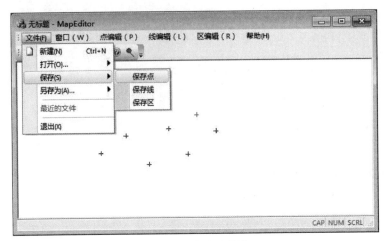

图 3.6.3　保存点操作

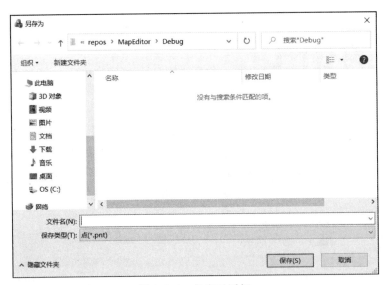

图 3.6.4　保存对话框

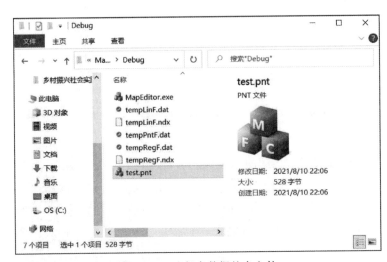

图 3.6.5　已保存数据的点文件

练习 7　另存点文件

1. 练习内容（反复练习下列内容，达到练习目标）

(1)练习跟踪调试。

(2)练习函数调用的方法。

(3)加强练习 6 的练习内容。

2. 练习目标（实习结束时请在达到的目标前打勾"√"）

(1)已了解"保存"与"另存"的区别。

(2)已掌握函数调用的方法。

(3)已掌握代码跟踪调试技巧。

(4)已单步跟踪覆盖 OnFileSaveAsPoint 和 OnFileSavePoint 函数的所有语句。

3. 操作说明及要求

该练习实现点文件的另存功能，即将点临时文件中的数据存储到用户指定的点永久文件中。

4. 实现过程说明

修改"文件"→"另存为"→"另存点"菜单的消息响应函数 OnFileSaveAsPoint。在函数中先保存原永久文件名，将永久文件名设为空，然后调用"保存"菜单项的事件处理程序实现另存功能，若存储失败则还原原文件名。

5. 上机指南

(1)打开 Visual Studio2019，在练习 6 的基础上开展练习。

(2)修改"文件"→"另存为"→"另存点"菜单项的事件处理程序。打开 MapEditorView.cpp，找到 OnFileSaveAsPoint（）函数，并添加如下代码：

```
CString tempFName= GPntFName;  //保留原点永久文件名
GPntFName= CString("");  //将点永久文件名设为空
OnFileSavePoint();  //调用 OnFileSavePoint 函数,永久文件名为空时自动弹出文件名对话框
if(GPntFName= = "")  //若另存失败,则还原原永久文件名
{
    GPntFName= tempFName;
}
```

(3)调试运行程序。在 OnFileSaveAsPoint 和 OnFileSavePoint 函数中设置断点，根据这两个函数中的分支条件，设计不同的操作组合，使得跟踪过程能够覆盖所有分支所有语句，并

在跟踪过程中验证逻辑的正确性和结果的正确性。

（4）运行程序后，在程序中进行另存点的操作：在绘制点操作或保存点操作的基础上，如图 3.7.1 所示单击"文件"→"另存为（A）"→"另存点"，弹出如图 3.7.2 所示的保存对话框，选择保存路径并输入点文件名称保存即可，与保存点类似。

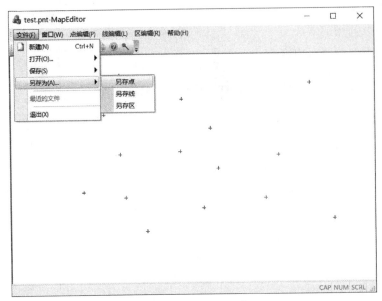

图 3.7.1　另存点操作

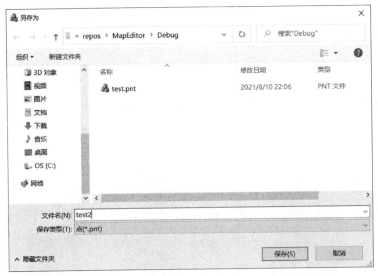

图 3.7.2　保存对话框

练习 8　打开点文件

1. 练习内容(反复练习下列内容,达到练习目标)

(1)练习文件读写方法。

(2)练习 CFile、CFileDialog 的用法。

(3)学习 CString 类,学习 CString 类比较操作符的用法。

(4)学习 CClientDC,了解图形绘制模式和方法。

(5)了解 MFC 窗口重绘机制,理解 OnDraw 函数的作用。

2. 练习目标(实习结束时请在达到的目标前打勾"√")

(1)已巩固 CFileDialog 对话框的使用方法。

(2)已掌握 CFile 读写文件的使用方法。

(3)已巩固 MessageBox 对话框的基本使用。

(4)已熟悉 CClientDC 的用法,理解 CClientDC 类对象创建的原理,明白 ReleaseDC 的作用。

(5)已理解 CClientDC 类成员函数 FillSolidRect 和 SetROP2 的含义和用法。

(6)进一步了解 MFC 绘图机制,明白在需要刷新窗口时 OnDraw 起的作用。

3. 操作说明及要求

该功能打开点文件并显示所有的点图形,即将用户指定的点文件中的数据读到临时文件中,并显示临时点文件中所有的点。

4. 实现过程说明

修改"文件"→"打开"→"打开点"菜单的消息响应函数 OnFileOpenPoint。实现以下流程:

(1)判断点临时文件的内容是否已被修改(即是否经过增删改等操作),若修改则提示是否需要保存? 需要则保存。

(2)重新创建点临时文件。

(3)使用 CFileDialog 类弹出路径选择对话框,获得将要打开的点文件名及其路径。

(4)打开用户选择的点文件,并将其中的数据读入临时点文件。

(5)关闭点文件。

(6)窗口重绘,显示所有的点。

为了实现上述流程,需要编写从永久文件中读取点数据到临时文件的函数 ReadPntPer-manentFileToTemp、显示所有点函数 ShowAllPnt。

5. 上机指南

(1)打开 Visual Studio2019，在练习 7 的基础上进行如下实践。

(2)从永久文件中读取点数据到临时文件中。

· 在"WriteOrRead. h"文件中声明"从永久文件读到临时文件"的函数：

```
//从永久文件读到临时文件的函数声明(点)
void ReadPntPermanentFileToTemp (CFile *  PntF, CFile *  PntTmpF, int& nPnt,
int&nLPnt);
```

· 在"WriteOrRead. cpp"文件中实现"从永久文件读到临时文件"的函数：

```
/* 将点数据从永久文件读到临时文件* /
void ReadPntPermanentFileToTemp (CFile *  pntF, CFile *  pntTmpF, int& nPnt, int&
nLPnt)
{
  PNT_STRU point;
  pntF- > Seek(sizeof(VERSION), CFile::begin); //将文件指针放到文件头后面
  pntF- > Read(&nPnt, sizeof(int)); //读点的物理个数
  pntF- > Read(&nLPnt, sizeof(int)); //读点的逻辑个数
  for (int i=0; i <  nPnt; + + i)
  {
    pntF- > Read(&point, sizeof(PNT_STRU)); //逐个读出点数据
    pntTmpF- > Write(&point, sizeof(PNT_STRU)); //逐个写入点数据
  }
}
```

(3)添加显示所有点的函数。

· 包含头文件。在"Paint. h"文件中包含头文件"WriteOrRead. h"。

· 在"Paint. h"文件中进行函数声明：

```
void ShowAllPnt(CClientDC* pntTmpF,int pntNum);//显示所有点函数声明
```

· 在"Paint. cpp"文件中进行函数定义：

```
/* 显示所有点* /
void ShowAllPnt(CClientDC *  dc,CFile*  pntTmpF,int pntNum)
{
  PNT_STRU point;
  for (int i=0; i< pntNum; + + i) //显示点
  {
    ReadTempFileToPnt(pntTmpF, i, point);//从临时文件中读取点数据
    if (point.isDel = =  0)
      DrawPnt(dc,point);//绘制点
  }
}
```

（4）在"MapEditorView. cpp"文件中修改"文件"→"打开"→"打开点"菜单项的事件处理程序 OnFileOpenPoint( )，在函数中添加如下代码：

```
CFileDialog dlg(true);
dlg.m_ofn.lpstrFilter = L"pnt\0* .pnt";
//如果临时文件中的数据已改变,则提示是否保存,保存则调用 OnFileSavePoint
if (GPntChanged = = true)
{
    if (IDYES = = AfxMessageBox(L"File has ont been saved.does save File?",
    MB_YESNO, MB_ICONQUESTION))
    OnFileSavePoint();
}
if (dlg.DoModal() = = IDOK)//弹出打开文件对话框让用户指定要打开的文件
{
    GPntFName= dlg.m_ofn.lpstrFile;//永久文件(含路径)
    CFile* pntF= new CFile();
    if (! pntF- > Open(GPntFName, CFile::modeRead | CFile::typeBinary))
    {
        TRACE(_T("File coule not be opened\n"));
        return;
    }
    int nPos= GPntFName.ReverseFind(_T('\\'));
    CString floderAdd= GPntFName.Left(nPos);
    if (GPntTmpFName ! = "tempPntF.dat")//如果临时点文件已经创建则定位到文件开头
    {
        GPntTmpF- > SeekToBegin();
    }
    else
    {//否则创建临时文件
      GPntTmpFName= floderAdd + CString("\\") + GPntTmpFName;
      if (! GPntTmpF- > Open(GPntTmpFName, CFile::modeCreate | CFile::modeRead-
Write | CFile::typeBinary))
      {
        GPntTmpFName= CString("tempPntF.dar");
        TRACE(_T("File could not be opened\n"));
      }
      else
      {
        GPntFCreated= true;
      }
    }
```

```
    ReadPntPermanentFileToTemp(pntF, GPntTmpF, GPntNum, GPntLNum);//读点永久文件
到临时文件
    pntF- > Close();
    delete pntF;
    CString windowText= dlg.GetFileName() +  "- MapEditor";
    GetParent()- > SetWindowTextW(windowText);
    this- > InvalidateRect(NULL);//让视窗口无效,触发 MFC 调用 OnDraw 函数重绘窗口
}
GCurOperState = Noaction;
```

(5)在"MapEditorView. cpp"文件中找到"OnDraw"函数,在原有代码的后面添加如下代码:

```
CRect  mrect;
GetClientRect(&mrect);//获取窗口客户区的坐标
CClientDC  dc(this);
dc.FillSolidRect(0, 0, mrect.Width(), mrect.Height(), dc.GetBkColor());//用一单色
填充一个矩形
dc.SetROP2(R2_NOTXORPEN); //设置绘图模式
ShowAllPnt(&dc, GPntTmpF, GPntNum);//绘制显示所有点
ReleaseDC(&dc);//释放 dc
```

(6)调试运行程序。在程序中进行打开点的操作:在已经保存点(另存点)的基础上,如图 3.8.1所示单击"文件"→"打开(Q)"→"打开点",弹出如图 3.8.2 所示的打开对话框,选择点文件后单击"打开"按钮,即可在程序窗口中显示点文件中的所有点数据,如图 3.8.3 所示。

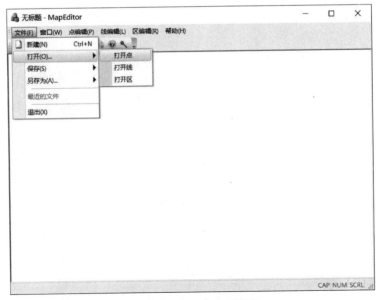

图 3.8.1 打开点文件操作

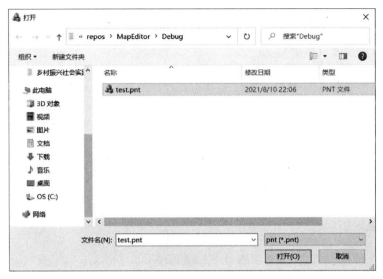

图 3.8.2　打开文件对话框

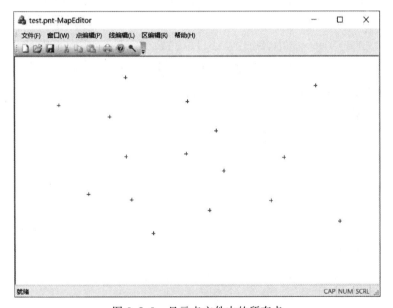

图 3.8.3　显示点文件中的所有点

练习 9　退出

1. 练习内容(反复练习下列内容,达到练习目标)

(1)了解程序退出机制。

(2)了解程序退出与保存的关系。

(3)练习基类指针调用虚函数的方法。

2. 练习目标(实习结束时请在达到的目标前打勾"√")

(1)已了解程序退出的机制。

(2)已掌握程序退出与保存的逻辑关系。

(3)已掌握基类指针调用虚函数的方法。

3. 操作说明及要求

该功能首先判断临时文件的内容是否已修改(即增、删、改等操作),若修改则提示是否需要保存?需要则保存,否则直接退出。退出前删除临时文件。

4. 实现过程说明

(1)修改"文件"→"退出"菜单项的事件处理程序 OnAppExit(),完成以下任务:

· 保存文件(若内容已经修改过)。

· 调用主窗口(MainFrame)的销毁窗口函数 DestroyWindow()销毁窗口,它会向子窗口发送 WM_DESTROY 消息。

(2)在 CMapEditView 类中添加 WM_DESTROY 消息响应函数 OnDestroy()。在 OnDestroy()函数中完成以下任务,保证在关闭窗口的时候临时文件会被删除,申请的资源也会被释放掉,解决前面练习中关闭程序时内存泄露的问题:

· 如果已经创建了临时文件,则关闭并删除临时文件。

· 删除临时文件的 CFile 对象。

5. 上机指南

(1)打开 Visual Studio2019,在练习 8 的基础上开展练习。

(2)在"MapEditorView.cpp"文件中修改"文件"→"退出"菜单项的事件处理程序 OnAppExit()。添加代码如下:

```
//1.如果点数据已改变,则保存
if(GPntChanged= = true)
{
  if(IDYES= = AfxMessageBox(L"File has not been saved. Does save File?",
  MB_YESNO, MB_ICONQUESTION))
  {
    OnFileSavePoint();//保存点
  }
}
//2.调用父窗口 CMainFrame 的销毁窗口函数 DestroyWindow()
GetParent()- > DestroyWindow();
```

（3）为 CMapEditView 类添加 WM_DESTROY 消息响应函数 OnDestroy()，完成删除临时文件和临时文件类对象的任务。

·　鼠标左键单击 Visual Studio2019 的系统菜单"项目(P)"→"类向导(Z)"。

·　在弹出的 MFC 类向导对话框中，类名选择"CMapEditorView"，左下方的标签中选择"消息"，在消息列表中找到 WM_DESTROY，如图 3.9.1 所示。

·　鼠标左键双击 WM_DESTROY 消息或者点击"添加处理程序(A)"按钮，系统自动往 CMapEditView 类中添加消息相应函数，并在"现有处理程序(H)"中列出，如图 3.9.1 所示。

图 3.9.1　添加销毁消息响应函数

·　点击"编辑代码(E)"按钮。系统跳到的消息响应函数 OnDestroy()，在注释的下方添加如下代码：

```
if(GPntFCreated)//如果点临时文件已创建,则关闭并删除
{
  if(GPntTmpF- > m_hFile! = CFile::hFileNull)
  {
    GPntTmpF- > Close();
    GPntTmpF- > Remove(GPntTmpFName);
  }
}
delete GPntTmpF;   //删除点临时文件对象
//线、区相关功能尚未实现,但先把以下代码加上
if(GLinFCreated)   //如果线临时文件已创建,则关闭并删除
{
```

```
    if(GLinTmpDatF- > m_hFile! = CFile::hFileNull)

    {

      GLinTmpDatF- > Close();

      GLinTmpDatF- > Remove(GLinTmpDatFName);

    }

    if(GLinTmpNdxF- > m_hFile! = CFile::hFileNull)

    {

      GLinTmpNdxF- > Close();

      GLinTmpNdxF- > Remove(GLinTmpNdxFName);

    }

  }

  delete GLinTmpDatF;    //删除线临时文件对象

  delete GLinTmpNdxF;

  if(GRegFCreated)    //如果区临时文件已创建,则关闭并删除

  {

    if(GRegTmpDatF- > m_hFile! = CFile::hFileNull)

    {

      GRegTmpDatF- > Close();

      GRegTmpDatF- > Remove(GRegTmpDatFName);

    }

    if(GRegTmpNdxF- > m_hFile! = CFile::hFileNull)

    {

      GRegTmpNdxF- > Close();

      GRegTmpNdxF- > Remove(GRegTmpNdxFName);

    }

  }

  deleteGRegTmpDatF;    //删除区临时文件对象

  delete GRegTmpNdxF;
```

(4)调试运行程序。在程序中进行退出操作,如图 3.9.2 所示,单击"文件"→"退出(X)",即可关闭程序;若有临时文件将弹出提示框,如图 3.9.3 所示,保存或删除临时文件后关闭程序。

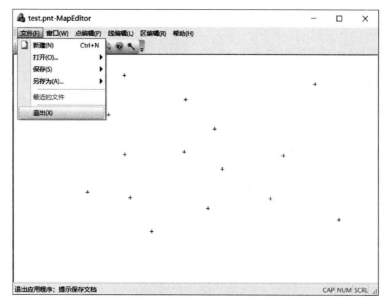

图 3.9.2　退出操作

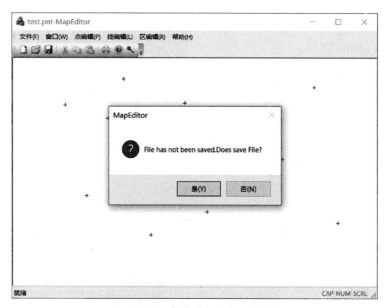

图 3.9.3　保存临时文件提示框

练习 10　删除点

1.练习内容(反复练习下列内容,达到练习目标)

(1)学习编写(a)求两点间距离函数;(b)查找离鼠标最近点的函数。

(2)学习实现删除一定范围内离鼠标最近的点的功能。

(3)练习屏幕上清除点的方法:(a)重绘法;(b)异或消除法,并根据这两种方法改造前面的点显示函数。

2.练习目标(实习结束时请在达到的目标前打勾"√")

(1)已掌握如何用重绘法清除点。

(2)已掌握如何用异或消除法清除点。

(3)已掌握查找鼠标最近点函数。

(4)已掌握如何编写函数的定义,并学会如何调用。

(5)已学会灵活调用系统的绘图函数。

3.操作说明及要求

(1)该功能实现删除指定点,将点数据设置"删除"标记,并在屏幕上清除。

(2)执行"删除点"功能时,点击鼠标左键,选中离鼠标弹起位置一定范围内最近的点并删除。

4.实现过程说明

该功能的实现需要修改下列两个消息响应函数。

(1)修改"点编辑"→"删除点"菜单命令处理函数 OnPointDelete,在函数中设置相应的操作状态(OPERSTATE_DELETE_PNT)。

(2)修改鼠标左键弹起消息响应函数 OnLButtonUp,在该函数中添加针对删除点操作状态的实现代码,流程如下:从临时文件中查找最近的点;将找到的点的标记改为删除;将要删除的点用异或模式擦除。

为了实现上述流程,需要另外编写查找最近点函数 FindPnt()和修改点函数 UpdatePnt()。

5.上机指南

(1)启动 Visual Studio2019,在练习 9 的基础上继续以下练习。

(2)添加头文件与源文件。

· 添加.h 文件。仿照练习 5 上机指南第(2)—(3)步添加头文件"Calculate.h",并在该文件中添加以下代码:

```
# ifndef   CALCULATE_H
# define   CALCULATE_H
# include "MyDataType.h"
//计算两点距离的函数声明
double Distance(double x1, double y1, double x2, double y2);
# endif
```

• 用同样的方法在解决方案中添加 cpp 文件"Calculate.cpp",并在该文件中添加以下代码：

```
# include   "pch.h"
# include   "Calculate.h"
# include   "WriteOrRead.h"
# include   < math.h>
/* 计算两点之间距离的函数 * /
double Distance(double x1,double y1,double x2,double y2)
{
    return(sqrt((x1- x2) *  (x1- x2) + (y1- y2) *  (y1- y2)));
}
/* 判断浮点数大小 * /
bool isSmall(double x1, double x2)
{
    if(x1< x2)
        return false;
    else
        return true;
}
```

(3)添加查找最近点的函数。

• 添加函数声明。在"Calculate.h"文件中添加如下函数声明：

```
//查找最近点的函数声明
PNT_STRU FindPnt(CPoint mousePoint, int pntNum, CFile*  pntTmpF, int&nPnt);
```

• 添加函数定义。在"Calculate.cpp"中添加查找最近点实现代码：

```
/* 查找最近点 * /
PNT_STRU FindPnt(CPoint mousePoint, int pntNum, CFile*  pntTmpF, int &nPnt)
{
    PNT_STRU point, tPnt= {0,0,RGB(0,0,0),0,0};
    double min= 100; //在 100 个像素范围内寻找
    double dst;
```

```
    for (int i=0; i< pntNum; i++ )
    {
        ReadTempFileToPnt(pntTmpF,i,point);
        if (point.isDel)
          continue;
        dst= Distance(mousePoint.x, mousePoint.y, point.x, point.y);
        if(dst< = min)
        {
          min= dst;
          tPnt= point;
          nPnt= i;
        }
    }
    return(tPnt);
}
```

(4)添加清除点的代码。

· 打开"WriteOrRead.h"文件,在其中添加修改临时文件中点的数据的函数声明:

```
//修改临时文件中点数据的函数声明
void UpdatePnt(CFile* pntTmpF, int i, PNT_STRU pnt);
```

· 打开"WriteOrRead.cpp"文件,在其中添加函数定义:

```
/* 修改临时文件中点数据* /
void UpdatePnt(CFile* pntTmpF, int i, PNT_STRU point)
{
    WritePntToFile(pntTmpF, i, point);//将点数据写入临时文件
}
```

(5)在"MapEditorView.cpp"文件中修改"点编辑"→"删除点"菜单项的事件处理程序 OnPointDelete(),并设置全局变量、包含头文件"Calculate.h",以及修改鼠标左键弹起的消息响应函数 OnLButtonUp,使其具备删除点功能。

· 修改"点编辑"→"删除点"菜单项的事件处理程序 OnPointDelete(),在 OnPointDelete()函数中添加如下代码:

```
if (GPntFCreated)
{
    GCurOperState= OPERSTATE_DELETE_PNT;//设置操作状态(删除点)
}
else
{
    MessageBox(L"TempFile has not been created.",L"Message",MB_OK);
}
```

- 在"MapEditorView. cpp"中添加全局变量：

```
int GPntNdx= - 1;//找到的点位于文件中的位置
```

- 在"MapEditorView. cpp"中包含头文件"Calculate. h"。
- **修改鼠标左键弹起的消息响应函数 OnLButtonUp**，使其具备删除点功能。即在该函数的 switch(GCurOperState)语句块中，在 default 语句上面添加下列 case 语句：

```
case OPERSTATE_DELETE_PNT:
    FindPnt(point, GPntNum, GPntTmpF, GPntNdx);//查找最近点
    if ( GPntNdx ! = - 1)//如果找到
    {
        PNT_STRU pnt;
        ReadTempFileToPnt(GPntTmpF,GPntNdx,pnt);//从临时点文件读点
        pnt.isDel= 1;          //删除标记置. 为 1
    UpdatePnt(GPntTmpF,GPntNdx,pnt);//更新该点数据
        DrawPnt(&dc,pnt);      //异或模式重绘该点以清除屏幕
        GPntNdx= - 1;
        GPntChanged= true;    //数据发生变更
        GPntLNum- - ;//删除一个点,逻辑数减 1,但物理存储不变
    }
    break;
```

(6)调试运行程序。

在程序中进行删除点操作：如图 3.10.1 所示单击"点编辑"→"删除点"，然后在窗口屏幕上单击鼠标左键，即可删除离鼠标单击点最近的点数据。效果可参照图 3.10.2。

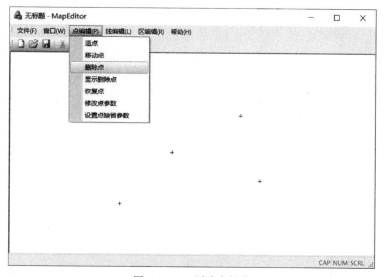

图 3.10.1   删除点操作

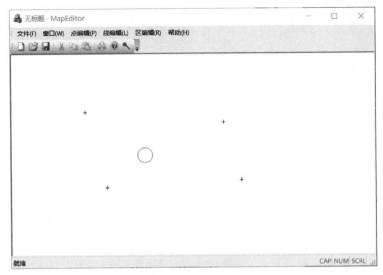

图 3.10.2　删除点操作

练习 11　移动点

1. 练习内容（反复练习下列内容，达到练习目标）

（1）练习移动点功能的实现。

（2）复习为消息添加消息响应函数的方法（复习练习 5 和练习 9 中的方法）。

（3）学习异或模式画图的方法。

2. 练习目标（实习结束时请在达到的目标前打勾"√"）

（1）已理解鼠标按下、移动、弹起过程对应的消息机制。

（2）已掌握在实现移动点功能过程中，鼠标左键按下、移动和弹起对应的消息处理函数各自承担的不同作用。

（3）已完全掌握通过"类视图"的"属性"窗口再到"消息"的方法为一个类（如 CMapEditView）添加消息响应函数的方法（练习 5 所示）。

（4）已完全掌握通过菜单"项目"→"类向导"的方法为一个类（如 CMapEditView）添加消息响应函数的方法（练习 9 所示）。

（5）已完全掌握异或模式画图的方法。

3. 操作说明及要求

（1）该功能实现移动视图窗口中指定点的位置，清除原位置上的图形，并在新位置显示点图形。

（2）执行"移动点"功能时，按下鼠标左键选中离鼠标位置最近的点，按住左键拖动被选中的点，左键弹起时更改选中点的数据。

4. 实现过程说明

该项功能的实现需要修改下列 4 个消息响应函数。

（1）修改"点编辑"→"移动点"菜单命令处理函数 OnPointMove，在函数中设置相应的操作状态。

（2）修改鼠标左键按下消息响应函数 OnLButtonDown，在该函数中添加针对移动点操作状态的代码，实现如下流程：从临时点文件中查找最近点；将鼠标位置记录为"上一位置"。

（3）修改鼠标左键拖动消息响应函数 OnMouseMove，在该函数中添加对应的代码，实现如下流程：清除"上一位置"处的点；在"当前位置"处重新绘制点；将鼠标当前位置记录为"上一位置"。

（4）修改鼠标左键弹起消息响应函数 OnLButtonUp，在该函数中添加对应的代码，实现如下流程：根据鼠标当前位置更改选中点的位置数据；重新显示点数据。

5. 上机指南

（1）打开 Visual Studio2019，在练习 10 的基础上开展下列练习。

（2）修改"点编辑"→"移动点"菜单项的事件处理程序。在"MapEditorView. cpp"的 On-PointMove()中添加如下代码，将操作状态设置为移动点的操作状态：

```
if (GPntFCreated)
{
  GCurOperState= OPERSTATE_MOVE_PNT;//设置操作状态(移动点)
}
else
{
  MessageBox(L"TempFile has not been created.",L"Message",MB_OK);
}
```

（3）在"MapEditorView. cpp"中添加全局变量：

```
PNT_STRU    GTPnt;    //临时点,存储找到的点数据
```

（4）修改鼠标左键按下（Down）的消息响应函数 OnLButtonDown（UINT nFlags，CPoint point），在函数中添加如下代码：

```
if(GPntFCreated)
{
  switch(GCurOperState)
  {
    case OPERSTATE_MOVE_PNT://移动点操作
      GTPnt= FindPnt(point, GPntNum, GPntTmpF, GPntNdx);//查最近点
```

```
        break;
    default:
        break;
    }
}
```

(5)添加鼠标移动(Move)的消息响应函数。参照练习 5 第(7)步的介绍,或者练习 9 第(3)步的介绍,为 CMapEditorView 的 WM_MOUSEMOVE 消息添加消息响应函数 On-MouseMove()。在该函数中的 TODO 注释下添加如下代码,通过异或模式画点实现点随鼠标移动的效果:

```
if(GPntFCreated)
{
  switch(GCurOperState)
  {
    case OPERSTATE_MOVE_PNT://移动点操作
      if(GPntNdx! = - 1)
      {
        CClientDC dc(this); //获得本窗口或当前活动视图
        dc.SetROP2(R2_NOTXORPEN);//设置异或模式画点
        DrawPnt(&dc, GTPnt);//在原位置画,清除原点图形
        GTPnt.x= point.x;//移动点的坐标 x
        GTPnt.y= point.y;//移动点的坐标 y
        DrawPnt(&dc, GTPnt);//在新位置画
      }
      break;
    }
}
```

(6)修改鼠标左键弹起(Up)的消息响应函数。在练习 5 中我们添加了鼠标左键弹起的消息响应函数 OnLButtonUp(UINT nFlags, CPoint point),现在在该函数的 switch(GCu-rOperState)语句块中,在 default 语句上面添加下列 case 语句块:

```
caseOPERSTATE_MOVE_PNT:
    if(GPntNdx! = - 1)
    {
    PNT_STRU pnt;
    ReadTempFileToPnt(GPntTmpF,GPntNdx,pnt); //从点临时文件读取点
    pnt.x= point.x;//移动后的点坐标 x
    pnt.y= point.y;//移动后的点坐标 y
```

```
    UpdatePnt(GPntTmpF,GPntNdx,pnt);//更新点数据(写入临时文件)
    GPntNdx= - 1;
    GPntChanged= true;//数据发生变更
}
break;
```

　　(7)调试运行上面所写程序。在程序中进行移动点操作,如图 3.11.1 所示,单击"点编辑"→"移动点",然后在窗口屏幕上点数据的位置单击鼠标左键(选中最近点),按住左键移动点,放开鼠标后即可完成移动点功能。得到的效果见图 3.11.2。

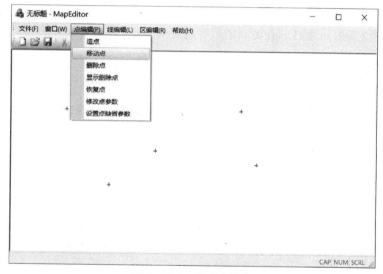

图 3.11.1　移动点操作

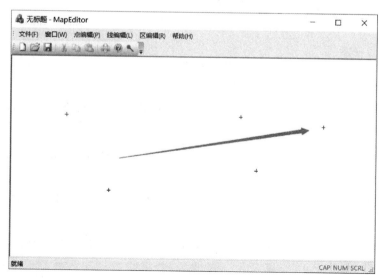

图 3.11.2　移动点操作

练习 12　造线(折线)

1. 练习内容(反复练习下列内容,达到练习目标)

(1)理解折线的含义,掌握线数据和索引数据的区别。

(2)创建"线"结构,记录折线坐标点。

(3)学习线数据的结构定义,多线数组的定义,以及内存分配。

(4)学习画线的绘图函数,以及"橡皮线"的绘制方法。

(5)练习在临时文件中保存新的"折线点"及线数据,变更线数。

2. 练习目标(实习结束时请在达到的目标前打勾"√")

(1)已掌握线索引数据结构和点结构。

(2)已掌握画线的绘图函数。

(3)已掌握画折线的方法,并学会如何把线数据存储在临时线索引文件和临时线数据文件中。

(4)已掌握更新线数据的方法。

3. 操作说明及要求

(1)该功能实现在视图窗口中构造由有限点组成的折线的功能。

(2)执行"造线"功能时,每点击一次鼠标左键,就确定折线上的一个节点;移动鼠标则从最后一个节点画橡皮线;点击鼠标右键,造线结束,橡皮线消失。

(3)鼠标右键点击前的一个节点作为折线的尾点。如果折线的节点数少于两个,单击鼠标右键则取消此次画线操作。

4. 实现过程说明

该功能的实现需要修改下列 4 个消息响应函数。

(1)修改"线编辑"→"造线"菜单命令处理函数 OnLineCreate,在函数中设置相应的操作状态。

(2)修改鼠标左键弹起消息响应函数 OnLButtonUp,在该函数中添加针对造线操作状态添加折线的节点,并且保存这个节点。

(3)修改鼠标移动消息响应函数 OnMouseMove,在该函数中添加针对造线操作状态实现橡皮线效果。

(4)修改鼠标右键点击消息响应函数 OnRButtonUp,结束画线,保存线的相关数据。

为了实现上述流程,需要编写几个辅助函数:将线数据写入线临时索引文件的函数 WriteLinNdxToFile、将线节点数据写入线临时数据文件的函数 WriteLinDatToFile,以及 POINT 类型与 D_DOT 类型互相转换的函数 PntToDot 与 DotToPnt。

5. 上机指南

(1)打开 Visual Studio2019,在练习 11 的基础上开展本次实践。

(2)定义线索引结构。在"MyDataType. h"中的♯endif 语句前添加线索引结构的定义语句:

```
typedef struct
{
  char          isDel;//是否被删除
  COLORREF       color;//线颜色
  int          pattern;//线型(号)
  long          dotNum;//线节点数
  long          datOff;//线节点坐标数据存储位置
}LIN_NDX_STRU;
```

(3)定义线和区的节点数据结构。在"MyDataType. h"中的♯endif 语句前添加线和区的节点数据结构的语句:

```
typedef struct
{
  double  x;//节点 x 坐标
  double  y;//节点 y 坐标
}D_DOT;
```

(4)添加线的写文件操作函数,即将线数据写入临时文件中的函数。

• 在"WriteOrRead. h"中添加函数声明:

```
//将线数据写入线临时索引文件的函数声明
void WriteLinNdxToFile(CFile*  LinTmpNdxF, int i, LIN_NDX_STRU line);
//将线节点数据写入线临时数据文件的函数声明
void WriteLinDatToFile(CFile*  LinTmpDatF, long datOff, int i, D_DOT point);
```

• 在"WriteOrRead. cpp"中添加将线数据写入临时文件中的函数定义(即上述声明的两个函数):

```
/* 将第 i 条线的索引写入临时索引文件* /
void WriteLinNdxToFile(CFile*  LinTmpNdxF, int i, LIN_NDX_STRU line)
{
  LinTmpNdxF- > Seek(i *  sizeof(LIN_NDX_STRU), CFile::begin);
  LinTmpNdxF- > Write(&line, sizeof(LIN_NDX_STRU));
}
/* 将线的点数据写入文件* /
```

```
void WriteLinDatToFile(CFile* LinTmpDatF, long datOff, int i, D_DOT point)
{
  LinTmpDatF- > Seek(datOff + i * sizeof(D_DOT), CFile::begin);
  LinTmpDatF- > Write(&point, sizeof(D_DOT));
}
```

(5)添加线的画图操作函数。

• 在"Pain. h"中添加画线段的函数声明：

```
//构造线段的函数声明
void DrawSeg(CClientDC* dc, LIN_NDX_STRU line, POINT point1, POINT point2);
```

• 在"Pain. cpp"中添加绘制线函数 DrawSeg 的实现：

```
/* 绘制线(构造线段)* /
void DrawSeg(CClientDC* dc, LIN_NDX_STRU line, POINT point1, POINT point2)
{
  CPen pen;
  switch (line.pattern)
  {
  case 0://实线
    pen.CreatePen(PS_SOLID, 1, line.color);//创建一个实线的画笔
    break;
  case 1://虚线
    pen.CreatePen(PS_DASH, 1, line.color);//创建一个虚线的画笔
    break;
  case 2://点线
    pen.CreatePen(PS_DOT, 1, line.color);//创建一个点线的画笔
    break;
  default:
    break;
  }
  CPen* oldPen= dc- > SelectObject(&pen);
  dc- > MoveTo(point1.x, point1.y);//开始画线,将光标移动到一个初始位置
    dc- > LineTo(point2.x, point2.y);//绘制线:从初始点到移动点
  dc- > SelectObject(oldPen);
}
```

(6)添加 POINT 类型与 D_DOT 类型互相转换的函数。POINT 类型的数据用于绘图；而 D_DOT 类型的数据用于存储,即写入文件中。

• 打开"Calculate. h"文件,在宏定义中添加代码：

```
void PntToDot(D_DOT* dot, POINT* pnt, int num);
void PntToDot(D_DOT& dot, POINT pnt);
void DotToPnt(POINT* pnt, D_DOT* dot, int num);
void DotToPnt(POINT& pnt, D_DOT dot);
```

- 打开"Calculate.cpp"文件,向其中添加 POINT 类型与 D_DOT 类型互相转换的函数实现代码:

```
/* POINT 转 D_DOT 的函数(线、区)* /
void PntToDot(D_DOT* dot, POINT* pnt, int num)
{
  for (int i=0; i < num; + + i)
  {
    dot[i].x= pnt[i].x;
    dot[i].y= pnt[i].y;
  }
}
/* POINT 转 D_DOT 的函数(点)* /
void PntToDot(D_DOT& dot, POINT pnt)
{
  dot.x= pnt.x;
  dot.y= pnt.y;
}
/* D_DOT 转 POINT 的函数(线、区)* /
void DotToPnt(POINT* pnt, D_DOT* dot, int num)
{
  for (int i=0; i < num; + + i)
  {
    pnt[i].x= (long)dot[i].x;
    pnt[i].y= (long)dot[i].y;
  }
}
/* D_DOT 转 POINT 的函数(点)* /
void DotToPnt(POINT& pnt, D_DOT dot)
{
  pnt.x= (long)dot.x;
  pnt.y= (long)dot.y;
}
```

(7)在"MapEditorView.cpp"文件中添加线的全局变量,并分别完善鼠标左键弹起、鼠标移动、鼠标右键弹起的消息响应函数。

- 在"MapEditorView.cpp"中添加线的全局变量:

```
///- - - - - - - - - 默认线索引结构、临时线索引结构及其相关- - - - - - - - - - ///
LIN_NDX_STRU GLin= { GLin.isDel=0, GLin.color= RGB(0, 0, 0), GLin.pattern=0,GLin.
dotNum=0, GLin.datOff=0 }; //默认线参数
LIN_NDX_STRU GTLin;//线
POINT GLPnt= { GLPnt.x= - 1,GLPnt.y= - 1 }; //记录线段的起点
CPoint GMPnt(- 1, - 1); //记录鼠标上一状态的点
```

• 完善鼠标左键弹起的消息响应函数 OnLButtonUp。在"MapEditorView. cpp"中的 OnLButtonUp(UINT nFlags，CPoint point)的原有语句后添加如下代码：

```
if (GLinFCreated)
{
  D_DOT dot;
  switch (GCurOperState)
  {
  case OPERSTATE_INPUT_LIN://当前为绘制线状态
    if (GTLin.dotNum = = 0)
      memcpy_s(&GTLin, sizeof(LIN_NDX_STRU), &GLin, sizeof(LIN_NDX_STRU));
    PntToDot(dot, point);
    WriteLinDatToFile(GLinTmpDatF, GLin.datOff, GTLin.dotNum, dot);
    //将线的点数据写入临时文件中
    GTLin.dotNum+ + ;//线节点数加 1
    GLPnt.x= (long)dot.x;//设置线段的起点(x)
    GLPnt.y= (long)dot.y;//设置线段的起点(y)
    GLinChanged= true;//线数据变更
    break;
  }
}
```

• 完善鼠标移动的消息响应函数 OnMouseMove。在"MapEditorView. cpp"中的 On-MouseMove(UINT nFlags，CPoint point)的原有语句后添加如下代码：

```
if (GLinFCreated)
{
  switch (GCurOperState)
  {
  case OPERSTATE_INPUT_LIN://当前为绘制状态
    if (GTLin.dotNum > 0)
    {
      CClientDC dc(this);//获取本窗口或当前活动视图
      dc.SetROP2(R2_NOTXORPEN);//设置异或模式画线
      if (GMPnt.x ! = - 1 && GMPnt.y ! = - 1)
      {
        DrawSeg(&dc, GTLin, GLPnt, GMPnt);//默认样式绘制线段
```

```
    }
    GMPnt.x= point.x;//设置鼠标上一状态点(x)
    GMPnt.y= point.y;//设置鼠标上一状态点(y)
    POINT mpoint= { mpoint.x= point.x,mpoint.y= point.y };
    DrawSeg(&dc, GTLin, GLPnt, mpoint);//默认样式绘制线段
  }
  break;
  }
}
```

· 修改鼠标右键弹起的消息响应函数 OnRButtonUp。找到"MapEditorView.cpp"中的 OnRButtonUp(UINT /＊ nFlags ＊/，CPoint point)，将函数体内原有代码删掉并添加如下代码：

```
CClientDC dc(this);
dc.SetROP2(R2_NOTXORPEN);
if (GLinFCreated)
{
  switch (GCurOperState)
  {
  case OPERSTATE_INPUT_LIN:
    if (GTLin.dotNum > 1)
    {
      WriteLinNdxToFile(GLinTmpNdxF, GLinNum, GTLin);//将线索引写入线临时索引文
件中
      GLinNum+ + ;
      GLinLNum+ + ;
      DrawSeg(&dc, GTLin, GLPnt, point);
      GLin.datOff + =  (GTLin.dotNum ＊ sizeof(D_DOT));
      memset(&GTLin, 0, sizeof(LIN_NDX_STRU));
      GMPnt.SetPoint(- 1, - 1);
      GLPnt.x= - 1;
      GLPnt.y= - 1;
    }
    else if (GTLin.dotNum = = 1)
    {
      DrawSeg(&dc, GTLin, GLPnt, point);
      memset(&GTLin, 0, sizeof(LIN_NDX_STRU));
      GMPnt.SetPoint(- 1, - 1);
      GLPnt.x= - 1;
      GLPnt.y= - 1;
    }
    break;
```

```
        }
    }
```

(8)在"MapEditorView.cpp"文件中修改"线编辑"→"造线"菜单项的事件处理程序 On-LineCreate(),并在函数体内添加如下代码:

```
if (GLinFCreated)
{
    GCurOperState= OPERSTATE_INPUT_LIN;//当前为造线状态
}
else
{
    MessageBox(L"TempFile have not been created.", L"Message", MB_OK);
}
```

(9)调试运行程序。运行程序后,先新建临时文件(若已有则不需新建),然后单击"线编辑"→"造线",如图 3.12.1 所示,最后在空白的客户区用鼠标绘制折线,效果如图 3.12.2 所示。

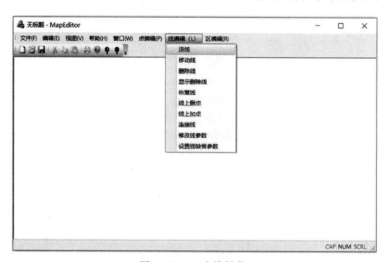

图 3.12.1 造线操作

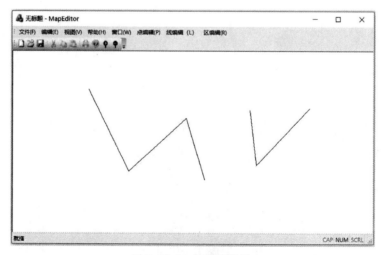

图 3.12.2 绘制线效果

练习 13　保存线文件

1. 练习内容(反复练习下列内容,达到练习目标)

(1)加强练习二进制文件读写方法,熟悉二进制文件结构。
(2)进一步了解和练习 CFileDialog 对话框的使用方法。
(3)复习用 CFile 类读写文件的使用方法。
(4)练习新建线的永久文件的方法。

2. 练习目标(实习结束时请在达到的目标前打勾"√")

(1)已熟悉在二进制文件中存放不同数据的结构化方法。
(2)已熟悉调用对话框类 CFileDialog。
(3)已掌握用 CFile 类进行文件读写的方法。

3. 操作说明及要求

(1)点击"文件"→"保存线",弹出"另存为"对话框。
(2)在"另存为"对话框中选择文件路径,输入文件名,其文件后缀为".lin"。
(3)在"另存为"对话框中点击"保存"按钮,将临时文件中的线数据存入永久文件中,关系如图 3.13.1 所示。

图 3.13.1　临时文件存入永久文件示意图

4. 实现过程说明

修改"文件"→"保存线"菜单项的事件处理程序,执行以下流程:
(1)先从线临时文件中读取线数据。
(2)调用文件对话框类(CFileDialog)弹出对话框,记录永久文件的路径及文件名。
(3)在指定的路径下创建永久文件,并将临时文件中的线数据存到永久文件中。

为了实现上述流程,需要编写几个辅助函数:从临时线数据文件中读取线的点数据的函数 ReadTempFileToLinDat、从临时线索引文件中读取线索引的函数 ReadTempFileToLinNdx、将线的索引和点数据写入永久文件的函数 WriteTempToLinPermanentFile。

5. 上机指南

(1)打开 Visual Studio2019,在练习 12 的基础上进行下面的练习。
(2)从临时文件中读取线数据。

- 在"WriteOrRead. h"中添加读写文件功能函数的声明:

```
//从临时线数据文件中读取线的点数据的函数声明
void ReadTempFileToLinDat(CFile* LinTmpDatF, long datOff, int i, D_DOT& pnt);
//从临时线索引文件中读取线索引的函数声明
void ReadTempFileToLinNdx(CFile* LinTmpNdxF, int i, LIN_NDX_STRU& LinNdx);
//将线的索引和点数据写入永久文件的函数声明
void WriteTempToLinPermanentFile(CFile* LinF, CFile* LinTmpDatF, CFile* LinT-
mpNdxF, VERSION LinVer, int nLin, int nLLin);
```

- 在其实现文件"WriteOrRead. cpp"中添加上述函数的定义,代码如下:

```
//从临时线数据文件中读取线的点数据
void ReadTempFileToLinDat(CFile* LinTmpDatF, long datOff, int i, D_DOT& pnt)
{
  LinTmpDatF- > Seek(datOff + i * sizeof(D_DOT), CFile::begin);
  LinTmpDatF- > Read(&pnt, sizeof(D_DOT));
}
//从临时线索引文件中读取线索引
void ReadTempFileToLinNdx(CFile* LinTmpNdxF, int i, LIN_NDX_STRU& LinNdx)
{
  LinTmpNdxF- > Seek(i * sizeof(LIN_NDX_STRU), CFile::begin);
  LinTmpNdxF- > Read(&LinNdx, sizeof(LIN_NDX_STRU));
}
/* 将线的索引和点数据写入永久文件* /
void WriteTempToLinPermanentFile(CFile* LinF, CFile* LinTmpDatF, CFile* LinT-
mpNdxF, VERSION LinVer, int nLin, int nLLin)
{
  LIN_NDX_STRU TempLinNdx;
  D_DOT Pnt;
  long LinNdxOffset= sizeof(VERSION) + sizeof(int) * 2;
  long LinDatOffset= LinNdxOffset + sizeof(LIN_NDX_STRU) * nLin;
  LinF- > Write(&LinVer, sizeof(VERSION)); //写入版本信息
  LinF- > Write(&nLin, sizeof(int)); //写入物理数
  LinF- > Write(&nLLin, sizeof(int)); //写入逻辑数
  for (int i=0; i < nLin; i+ + )
  {
    //从临时线索引文件中读取线索引
    ReadTempFileToLinNdx(LinTmpNdxF, i, TempLinNdx);
    LinF- > Seek(LinDatOffset, CFile::begin);
    for (int j=0; j < TempLinNdx.dotNum; j+ + )
    {
      //从临时线数据文件中读取线的点数据
```

```
    ReadTempFileToLinDat(LinTmpDatF, TempLinNdx.datOff, j, Pnt);
    //将线的点数据写入永久文件
    LinF- > Write(&Pnt, sizeof(D_DOT));
    }
  LinF- > Seek(LinNdxOffset, CFile::begin);
  TempLinNdx.datOff= LinDatOffset;
  //将线的索引写入永久文件
  LinF- > Write(&TempLinNdx, sizeof(LIN_NDX_STRU));
  LinNdxOffset + = sizeof(LIN_NDX_STRU);
  LinDatOffset + = (sizeof(D_DOT) * TempLinNdx.dotNum);
  }
}
```

（3）添加线文件的版本信息。在"MapEditorView. cpp"文件中添加线文件的版本信息的全局变量及其初始化，代码如下：

```
VERSION GLinVer =
{
  GLinVer.flag[0]= 'L',
  GLinVer.flag[1]= 'I',
  GLinVer.flag[2]= 'N',
  GLinVer.version= 10//默认版本号
};
```

（4）修改"保存线"的事件处理程序。修改"文件"→"保存线"菜单项的事件处理程序 On-FileSaveLine，即为"MapEditorView. cpp"中的 OnFileSaveLine()添加如下代码：

```
if (GLinFCreated)
{
  //已经存在临时文件
  CFile* LinF= new CFile();
  if (GLinFName.IsEmpty())
  {
    LPCTSTR lpszFilters;
    lpszFilters= _T("线(* .lin|* .lin||");
    CFileDialog dlg (false, _T ( "lin"), NULL , OFN _HIDEREADONLY | OFN _OVER-
WRITEPROMPT, lpszFilters);//保存线的对话框
    int nPos= GLinTmpDatFName.ReverseFind(_T('\\'));
    CString folderAdd= GLinTmpDatFName.Left(nPos);
    dlg.m_ofn.lpstrInitialDir= folderAdd;
    if (dlg.DoModal() = = IDOK)
    {
      GLinFName= dlg.GetPathName();//线文件的名称
    }
```

```
      else
       {
         return;
       }
     }
     else
     {
       LinF- > Remove(GLinFName);
     }
     if (! LinF- > Open(GLinFName, CFile::modeCreate | CFile::modeWrite | CFile::
   typeBinary))
     {
       TRACE(_T("File could not be opened\n"));
       return;
     }
     WriteTempToLinPermanentFile(LinF, GLinTmpDatF, GLinTmpNdxF, GLinVer, GLinNum,
   GLinLNum);//将线的索引和点数据写入永久文件
     LinF- > Close();
     delete LinF;

     GLinChanged= false;//线数据无变更
     int nPos= GLinFName.ReverseFind(_T('\\'));
     CString windowText= GLinFName.Right(GLinFName.GetLength() - nPos - 1) +
      "- MapEditor";
     GetParent()- > SetWindowTextW(windowText);
   }
   else
   {
     MessageBox(L"File have not been created", L"Message", MB_OK);
   }
   GCurOperState = Noaction;
```

（5）调试运行程序。在程序中进行保存线操作：先在已创建的临时文件中"造线"，然后单击"文件"→"保存(S)"→"保存线"，如图 3.13.2 所示，将会弹出如图 3.13.3 所示的对话框，保存线的路径默认为程序创建临时文件的目录(..\MapEditor\Debug)，保存点后生成一个后缀为.lin 的线文件，如图 3.13.4 所示。

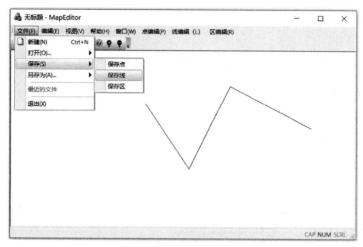

图 3.13.2　保存线操作

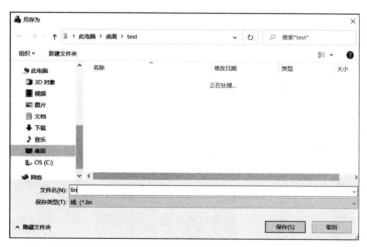

图 3.13.3　保存线的对话框

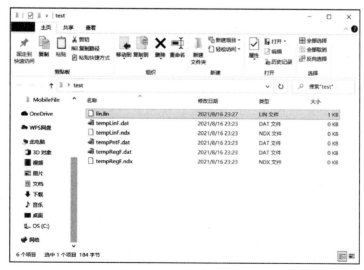

图 3.13.4　已保存的线文件

练习 14　打开线文件

1. 练习内容（反复练习下列内容，达到练习目标）

（1）加强练习文件读写方法。

（2）加强练习 CFile、CFileDialog 的用法。

（3）复习 CClientDC，了解图形绘制模式和方法。

（4）了解 MFC 窗口重绘机制，理解 OnDraw 函数的作用。

2. 练习目标（实习结束时请在达到的目标前打勾"√"）

（1）已巩固 CFileDialog 对话框的使用方法。

（2）已完全掌握 CFile 读写文件的使用方法。

（3）已巩固 CClientDC 的用法，进一步了解了图形绘制模式和方法。

（4）进一步了解 MFC 绘图机制，明白在需要刷新窗口时 OnDraw 起的作用。

3. 操作说明及要求

（1）该功能实现打开已存在的线的永久文件。

（2）执行"打开线"文件功能时，判断线临时文件中的数据是否已修改，若已修改则提示是否需要保存，若需要则保存，否则直接进行打开指定路径下的线文件。

（3）在打开之后，视图窗口可以显示出所打开文件中存储的线图形。

4. 实现过程说明

修改"文件"→"打开"→"打开线"菜单的消息响应函数 OnFileOpenLine。实现以下流程：

（1）判断点临时文件是否已修改。如果是，即在修改了临时文件中线的数据之后进行"打开线文件"操作提示是否保存文件，否则直接打开。

（2）使用 CFileDialog 类弹出路径选择对话框，使得用户可以选择所需要打开的线文件，同时创建相应线的节点的数据临时文件和线的索引文件。

（3）将打开的线文件中的线数据读入创建的线临时数据文件和线临时索引文件中，并关闭线文件。

（4）重新绘制窗口，显示线文件中的所有线。

为了实现上述流程，需要编写两个辅助函数：实现显示线的函数 ShowAllLin、从永久文件读取线数据到临时文件的函数 ReadLinPermanentFileToTemp。

5. 上机指南

（1）打开 Visual Studio2019，在练习 13 的成果下进行操作。

（2）添加显示线的函数 ShowAllLin。

· 包含头文件，即在"Paint. h"中包含头文件"Calculate. h"。

- 在"Paint.h"文件中进行显示线的函数声明：

```
//显示所有线的函数声明
void ShowAllLin(CClientDC* dc, CFile* LinTmpNdxF, CFile* LinTmpDatF, int Lin-
Num);
```

- 在"Paint.cpp"文件中进行显示线的函数定义：

```
/* 显示所有线*/
void ShowAllLin(CClientDC* dc, CFile* LinTmpNdxF, CFile* LinTmpDatF, int Lin-
Num)
{
  LIN_NDX_STRU line;
  for (int i=0; i < LinNum; i++)
  {
    ReadTempFileToLinNdx(LinTmpNdxF, i, line);
    if (line.isDel)
      continue;
    D_DOT dot1, dot2;
    POINT pnt1, pnt2;
    for (int j=0; j < line.dotNum - 1; j++)
    {
      ReadTempFileToLinDat(LinTmpDatF, line.datOff, j, dot1);
      ReadTempFileToLinDat(LinTmpDatF, line.datOff, j + 1, dot2);
      DotToPnt(pnt1, dot1);
      DotToPnt(pnt2, dot2);
      DrawSeg(dc, line, pnt1, pnt2);
    }
  }
}
```

(3)从永久文件中读取线数据写入临时文件中。

- 在"WriteOrRead.h"文件中进行函数声明：

```
/* 从永久文件读取线数据到临时文件的函数声明*/
void ReadLinPermanentFileToTemp(CFile* LinF, CFile* LinTmpDatF, CFile* LinTmp-
NdxF, VERSION& LinVer,int&nLin, int& nLLin, long& TmpFLinDatOffset);
```

- 在"WriteOrRead.cpp"文件中进行函数定义：

```
/* 从永久文件读取线数据到临时文件*/
void ReadLinPermanentFileToTemp(CFile* LinF, CFile* LinTmpDatF, CFile* LinTmp-
NdxF, VERSION& LinVer, int& nLin, int& nLLin, long& TmpFLinDatOffset)
{
  LinF- > Seek(0, CFile::begin);
  LinF- > Read(&LinVer, sizeof(VERSION));
```

```
LinF- > Read(&nLin, sizeof(int));//读取物理个数
LinF- > Read(&nLLin, sizeof(int));//读取逻辑个数
long LinNdxOffset= sizeof(VERSION) + sizeof(int) * 2;
long LinDatOffset= LinNdxOffset + sizeof(LIN_NDX_STRU) * nLin;
TmpFLinDatOffset=0;
LIN_NDX_STRU TempLinNdx;
D_DOT Pnt;
for (int i=0; i < nLin; i+ + )
{
  LinF- > Seek(LinNdxOffset, CFile::begin);
  LinF- > Read(&TempLinNdx, sizeof(LIN_NDX_STRU));
  LinF- > Seek(TempLinNdx.datOff, CFile::begin);
  for (int j=0; j < TempLinNdx.dotNum; j+ + )
  {
    LinF- > Read(&Pnt, sizeof(D_DOT));
  LinTmpDatF- > Write(&Pnt, sizeof(D_DOT));
  }
  TempLinNdx.datOff= TmpFLinDatOffset;
  LinTmpNdxF- > Write(&TempLinNdx, sizeof(LIN_NDX_STRU));
  TmpFLinDatOffset + = (sizeof(D_DOT) * TempLinNdx.dotNum);
  LinDatOffset + = (sizeof(D_DOT) * TempLinNdx.dotNum);
  LinNdxOffset + = sizeof(LIN_NDX_STRU);
  }
}
```

(4)在"MapEditorView. cpp"文件中修改"文件"→"打开"→"打开线"菜单项的事件处理程序 OnFileOpenLine(),在函数中添加如下代码:

```
CFileDialog dlg(true);
dlg.m_ofn.lpstrFilter= L"lin\0* .lin";
if (GLinChanged = = true)
{
  if (IDYES = = AfxMessageBox(L"File have not been saved.Dose save File?", MB_YES-
NO, MB_ICONQUESTION))
  {
    OnFileSaveLine();//保存线(从临时文件1写入永久文件中)
  }
}
if (dlg.DoModal() = = IDOK)
{
  GLinFCreated= false;
  int IsCreate=0;
```

```
GLinFName= dlg.m_ofn.lpstrFile;//永久文件(含路径)
CFile* LinF= new CFile();
if (! LinF- > Open(GLinFName, CFile::modeRead | CFile::typeBinary))
{
  TRACE(_T("File could not be opened\n"));
  return;
}
int nPos= GLinFName.ReverseFind(_T('\\'));
CString floderAdd= GLinFName.Left(nPos);
if (GLinTmpDatFName ! = "tempLinF.dat")
{
  GLinTmpDatF- > SeekToBegin();
  + + IsCreate;
}
else
{
  GLinTmpDatFName= floderAdd + CString("\\") + GLinTmpDatFName;
  if (! GLinTmpDatF- > Open (GLinTmpDatFName, CFile::modeCreate | CFile::mode-
ReadWrite | CFile::typeBinary))
  {
    GLinTmpDatFName= CString("tempLinF.dat");
    TRACE(_T("File could not be opened \n"));
  }
  else
    + + IsCreate;
}
if (GLinTmpNdxFName ! = "tempLinF.ndx")
{
  GLinTmpNdxF- > SeekToBegin();
  + + IsCreate;
}
else
{
  GLinTmpNdxFName= floderAdd + CString("\\") + GLinTmpNdxFName;
  if (! GLinTmpNdxF- > Open(GLinTmpNdxFName, CFile::modeCreate | CFile::mode-
ReadWrite | CFile::typeBinary))
  {
    GLinTmpNdxFName= CString("tempLinF.ndx");
    TRACE(_T("File could not be opened\n"));
  }
```

```
      else
        + + IsCreate;
  }
  if (2 = = IsCreate)
    GLinFCreated= true;
    ReadLinPermanentFileToTemp(LinF, GLinTmpDatF, GLinTmpNdxF, GLinVer, GLinNum,
GLinLNum, GLin.datOff);//从永久文件读取线数据到临时文件
    LinF- > Close();//关闭永久文件
    delete LinF;
    CString windowText= dlg.GetFileName() + "- MapEditor";
    GetParent()- > SetWindowTextW(windowText);
    this- > InvalidateRect(NULL);//重绘窗口显示
    GCurOperState= Noaction;
  }
```

(5)修改在 OnDraw()添加显示线的功能。在"MapEditorView. cpp"文件中找到 On-Draw 函数,在语句"ShowAllPnt(&dc,GPntTmpF,GPntNum);"的后面添加如下代码:

```
ShowAllLin(&dc,GLinTmpNdxF,GLinTmpDatF,GLinNum);//绘制显示所有线
```

(6)调试运行程序。在程序中进行打开线的操作:在已经保存线的基础上,如图 3.14.1 所示单击"文件"→"打开(Q)"→"打开线",弹出如图 3.14.2 所示的打开对话框,选择线文件后单击"打开"按钮,即可在程序窗口中显示线文件中的所有线数据,如图 3.14.3 所示。

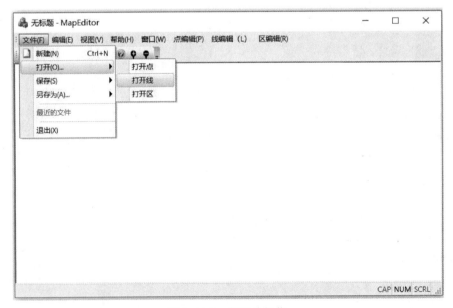

图 3.14.1　打开线操作

图 3.14.2　打开线对话框(选择线文件)

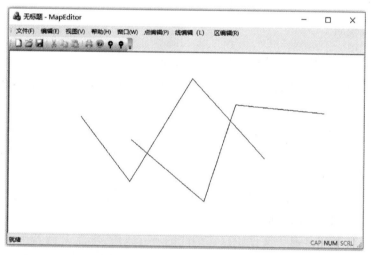

图 3.14.3　打开已保存的线文件

练习 15　删除线

1. 练习内容(反复练习下列内容,达到练习目标)

(1)编写(a)求点到某直线段的垂直距离函数;(b)查找离鼠标最近的线的函数,复习函数定义和调用方法。

(2)练习屏幕上消除线的方法:(a)重绘法;(b)异或消除法,并根据这两种方法改造前面的线显示函数和方法。

(3)练习在内存中"删除线"数据,变更线数。

2. 练习目标（实习结束时请在达到的目标前打勾"√"）

（1）已掌握点到直线段垂直距离的函数。

（2）已掌握写离鼠标最近线的函数。

（3）已掌握屏幕上消除线的方法（重绘法、异或消除法）。

（4）已掌握改造线显示的函数和方法。

（5）已掌握如何在内存中"删除线"的数据。

（6）已掌握如何在文件中更新数据。

3. 操作说明及要求

（1）该功能实现删除视图窗口中的指定线。

（2）执行"删除线"功能时，点击鼠标左键，选中离鼠标弹起位置一定范围内最近的线并删除。

4. 实现过程说明

该功能的实现需要修改下列两个消息响应函数。

（1）修改"线编辑"→"删除线"菜单项的事件处理程序 OnLineDelete( )，在函数中设置相应的操作状态。

（2）修改鼠标左键弹起消息响应函数 OnLButtonUp( )，在该函数中添加针对删除线操作状态的代码，实现如下流程：从临时文件中查找离鼠标最近的线；将找到的线标记为删除；将要删除的线用异或模式擦除。

为了实现上述流程，需要另外编写如下两个函数：计算鼠标点击位置到线的距离的函数 DisPntToSeg、查找离鼠标最近的线的函数 FindLin。

该算法的主要思想是遍历文件中存储的线的所有线段，求点 P 到若干线段的最短距离，然后求这些最短距离的最小值。求点到一条线段的距离主要有以下几种情况：①P 点与线段 AB 组成的∠PAB 和∠PBA 均为锐角，如图 3.15.1 的（a）所示；②P 点与线段 AB 组成的∠PAB 和∠PBA 有一个为钝角，如图 3.15.1 的（b）（c）所示。

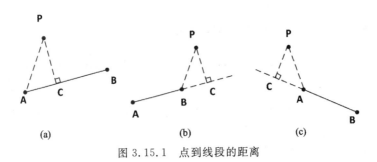

图 3.15.1　点到线段的距离

若是情况①，则点 P 到线段 AB 的最短距离为 P 到 AB 的垂线段 PC。通过海伦公式求出△PAB 的面积，最后求得 PC。

若是情况②,则判断线段 PA 和线段 PB 的长度。若线段 PA 的长度小于线段 PB 的长度,则点 P 到线段 AB 的最短距离为 PA,反之为 PB。

5. 上机指南

(1)打开 Visual Studio2019,在练习 14 的基础上开展本次实践。

(2)添加计算鼠标点击位置到线的距离的函数 DisPntToSeg。

* 打开"Calculate. h"文件,在其中添加 DisPntToSeg 函数声明,如下代码所示:

```
//计算鼠标单击位置到线的距离的函数声明
double DisPntToSeg(D_DOT pt1, D_DOT pt2, D_DOT pt);
```

* 打开"Calculate.cpp"文件,在其中添加 DisPntToSeg 函数定义,如下代码所示:

```
//计算鼠标单击位置到线的距离的函数
double DisPntToSeg(D_DOT pt1, D_DOT pt2, D_DOT pt)
{
  //求点到线段间最短距离函数
  //定义向量积 a,指示夹角(pt2,pt1,pt)
  double a= (pt2.x - pt1.x) * (pt.x - pt1.x) + (pt2.y - pt1.y) * (pt.y - pt1.y);
  //定义向量积 b,指示夹角(pt1,pt2,pt)
  double b= (pt1.x - pt2.x) * (pt.x - pt2.x) + (pt1.y - pt2.y) * (pt.y - pt2.y);
  if (a * b > 1e- 10)
  {
    //如果 a* b> 0,则两角均为锐角,最短距离为 pt 到线段的高
    double area;//定义三角形面积
    double hight;//点到线段的高
    double s= (Distance(pt1.x, pt1.y, pt2.x, pt2.y)
      + Distance(pt.x, pt.y, pt1.x, pt1.y)
      + Distance(pt.x, pt.y, pt2.x, pt2.y)) / 2;//海伦公式的中间变量
    area= sqrt(s * (s - Distance(pt.x, pt.y, pt1.x, pt1.y))
      * (s - Distance(pt.x, pt.y, pt2.x, pt2.y))
      * (s - Distance(pt1.x, pt1.y, pt2.x, pt2.y)));
    hight= 2 * area / Distance(pt1.x, pt1.y, pt2.x, pt2.y);
    return hight;
  }
  else
  {
    return(Distance(pt1.x, pt1.y, pt.x, pt.y) > Distance(pt.x, pt.y, pt2.x, pt2.y)) ? Distance(pt.x, pt.y, pt2.x, pt2.y) : Distance(pt.x, pt.y, pt1.x, pt1.y);
  }
}
```

(3)添加查找离鼠标最近的线的函数 FindLin。

- 打开"Calculate. h"文件，在其中添加 FindLin 函数声明，如下代码所示：

```
//查找离鼠标最近的线的函数声明
LIN_NDX_STRU FindLin(CFile* LinTmpNdxF, CFile* LinTmpDatF, CPoint mousePoint,
int LinNum, int& nLinNdx);
```

- 打开"Calculate. cpp"文件，在其中添加 FindLin 函数定义，如下代码所示：

```
//查找离鼠标最近的线的函数声明
LIN_NDX_STRU FindLin(CFile* LinTmpNdxF, CFile* LinTmpDatF, CPoint mousePoint,
int LinNum, int& nLinNdx)
{
  double min= 10;//查找范围
  LIN_NDX_STRU tLine =
  {
    tLine.isDel= 0,
    tLine.color= RGB(0,0,0),
    tLine.pattern= 0,
    tLine.dotNum= 0,
    tLine.datOff= 0
  },line;
  D_DOT pt1, pt2, mpt;
  CFile tempLinDatF;
  for (int i=0; i < LinNum; ++ i)
  {
    ReadTempFileToLinNdx(LinTmpNdxF, i, line);
    if (line.isDel = = 0)
    {
      for (int j=0; j < line.dotNum - 1; ++ j)
      {
        ReadTempFileToLinDat(LinTmpDatF, line.datOff, j, pt1);
        ReadTempFileToLinDat(LinTmpDatF, line.datOff, j + 1, pt2);
        mpt.x= mousePoint.x;
        mpt.y= mousePoint.y;
        if (isSmall(min, DisPntToSeg(pt1, pt2, mpt)))
        {
          nLinNdx= i;
          min= DisPntToSeg(pt1, pt2, mpt);
          tLine= line;
        }
      }
    }
  }
```

```
    return tLine;
}
```

（4）在线的临时索引文件中更新线数据。

· 打开"WriteOrRead. h"文件，在其中添加代码：

```
/* 更新线数据的函数声明* /
void UpdateLin(CFile*  LinTmpNdxF, int nLin, LIN_NDX_STRU line);
```

· 打开"WriteOrRead. cpp"文件，在其中添加代码：

```
/* 更新线数据的函数声明* /
void UpdateLin(CFile*  LinTmpNdxF, int nLin, LIN_NDX_STRU line)
{
    WriteLinNdxToFile(LinTmpNdxF, nLin, line);
}
```

（5）修改"文件"→"删除线"菜单项的事件处理程序。在"MapEditorView. cpp"文件的"OnLineDelete()"函数中添加如下代码：

```
if (GLinFCreated)
{
    GCurOperState= OPERSTATE_DELETE_LIN;//当前状态为删除线
}
else
{
    MessageBox(L"TempFile have not been created.", L"Message", MB_OK);
}
```

（6）在"MapEditorView. cpp"中添加全局变量，并完善 OnLButtonUp 函数。

· 在"MapEditorView. cpp"中添加全局变量：

```
int GLinNdx= - 1;//找到线位于文件中的位置
```

· 在"OnLButtonUp(UINT nFlags，CPoint point)"函数中，线编辑的 if(GLinFCreated){…}函数体中添加如下 case 语句：

```
case OPERSTATE_DELETE_LIN://当前为删除线状态
    FindLin(GLinTmpNdxF, GLinTmpDatF, point, GLinNum, GLinNdx);//找最近线
    if (GLinNdx ! = - 1)
    {
        GLinLNum- - ;
        GLinChanged= true;//线数据变更
        LIN_NDX_STRU TmpLinNdx;
        D_DOT dot1, dot2;
        POINT pnt1, pnt2;
        //从临时线索引文件中读取线索引
        ReadTempFileToLinNdx(GLinTmpNdxF, GLinNdx, TmpLinNdx);
        TmpLinNdx.isDel= 1;//设置删除状态
```

```
UpdateLin(GLinTmpNdxF, GLinNdx, TmpLinNdx);//更新线数据
for (int i=0; i < TmpLinNdx.dotNum - 1; ++ i)
{
    //从临时线的点数据文件中读取点
    ReadTempFileToLinDat(GLinTmpDatF, TmpLinNdx.datOff, i, dot1);
    ReadTempFileToLinDat(GLinTmpDatF, TmpLinNdx.datOff, i+1, dot2);
    DotToPnt(pnt1, dot1);
    DotToPnt(pnt2, dot2);
    DrawSeg(&dc, TmpLinNdx, pnt1, pnt2);//重绘
}
GLinNdx= - 1;
}
break;
```

（7）调试运行程序。在程序中进行删除线操作：如图 3.15.2 所示单击"线编辑"→"删除线"，然后在窗口屏幕上单击鼠标左键，即可删除离鼠标单击点最近的线。

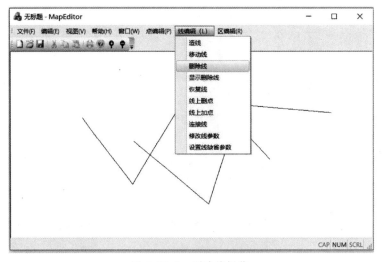

图 3.15.2　删除线操作

练习 16　移动线

1. 练习内容（反复练习下列内容，达到练习目标）

（1）练习移动线功能的实现。

（2）编写寻找最近线的函数，消除原位置线并在新位置画线的过程。

（3）实现鼠标左键按下找到线，然后拖动线跟随鼠标移动，放开左键固定线等功能。

2. 练习目标（实习结束时请在达到的目标前打勾"√"）

（1）已熟悉鼠标按下、移动、弹起过程对应的消息机制。

（2）已掌握如何擦除线、画新线的过程与方法。

（3）已实现鼠标左键拖动线跟随移动的功能。

（4）已掌握如何在文件中更新线数据。

3. 操作说明及要求

（1）该功能实现移动视图窗口中的指定线。

（2）执行"移动线"功能时，按下鼠标左键选中离鼠标位置最近的线，拖动被选中的线，鼠标左键弹起时更改选中线的数据。

4. 实现过程说明

该功能的实现需要修改下列四个消息响应函数。

（1）修改"线编辑"→"移动线"菜单命令处理函数 OnLineMove，在函数中设置相应的操作状态。

（2）修改鼠标左键按下消息响应函数 OnLButtonDown，在该函数中添加针对移动线操作状态的代码，实现如下流程：从线临时文件中查找最近的线；将鼠标位置记录为"鼠标上一位置"。

（3）修改鼠标左键拖动消息响应函数 OnMouseMove，在该函数中添加对应的代码，实现如下流程：清除相对于"鼠标上一位置"处的线；记录当前位置为"鼠标当前位置"，相对于"鼠标当前位置"重新绘制线；将鼠标当前位置记录为"鼠标上一位置"。

（4）修改鼠标左键弹起消息响应函数 OnLButtonUp，在该函数中实现如下流程：根据线的移动偏移量，计算和更改线上的点数据。

为了实现上述流程，需要编写更新线的点数据到临时文件的函数 UpdateLin。

5. 上机指南

（1）打开 Visual Studio2019，在练习 15 的成果下进行操作。

（2）修改"线编辑"→"移动线"菜单项的事件处理程序。在事件处理程序 OnLineMove()中添加如下代码：

```
if (GLinFCreated)
{
  GCurOperState= OPERSTATE_MOVE_LIN;//设置为移动线操作状态
}
else
{
  MessageBox(L"TempFile have not been created.", L"Message", MB_OK);
}
```

（3）添加全局控制变量。在 MapEditorView.cpp 的头文件下面，在定义全局变量的地方新增加如下几个全局变量的定义：

```
CPoint      GLinLBDPnt(- 1, - 1);   //记录鼠标左键按下的位置,用来计算偏移量
CPoint      GLinMMPnt(- 1, - 1);    //记录鼠标移动时的上一状态,用来擦除移动时的前一条线
long        GLinMMOffsetX=0;   //记录鼠标移动时候的 x 轴的偏移量
long        GLinMMOffsetY=0;   //记录鼠标移动时候的 y 轴的偏移量
LIN_NDX_STRU      GLinMMTmpNdx;   //记录鼠标选中的线的索引
```

(4)在线的临时数据文件中更新线的点数据。

· 打开"WriteOrRead.h"文件,在其中添加如下函数声明的代码:

```
/* 更新线的点数据到临时文件的函数声明* /
void UpdateLin(CFile*  LinTmpNdxF, CFile*  LinTmpDatF, int LinNdx, double offset_
x, double offset_y);
```

· 打开"WriteOrRead.cpp"文件,在其中添加如下函数定义的代码:

```
/* 更新线的点数据到临时文件的函数声明* /
void UpdateLin(CFile*  LinTmpNdxF, CFile*  LinTmpDatF, int LinNdx, double offset_
x, double offset_y)
{
  LIN_NDX_STRU tLin;
  D_DOT pt;
  ReadTempFileToLinNdx(LinTmpNdxF, LinNdx, tLin);
  for (int i=0; i < tLin.dotNum; i+ + )
  {
    LinTmpDatF- > Seek(tLin.datOff + i * sizeof(D_DOT), CFile::begin);
    LinTmpDatF- > Read(&pt, sizeof(D_DOT));
    pt.x= pt.x + offset_x;
    pt.y= pt.y + offset_y;
    LinTmpDatF- > Seek(tLin.datOff + i * sizeof(D_DOT), CFile::begin);
    LinTmpDatF- > Write(&pt, sizeof(D_DOT));
  }
}
```

(5)修改鼠标左键按下(Down)的消息响应函数,选定要移动的线。打开 MapEditor-View.cpp 文件,在鼠标左键按下的消息响应函数 OnLButtonDown 中添加如下代码:

```
if (GLinFCreated)
{
  switch (GCurOperState)
  {
  case OPERSTATE_MOVE_LIN: //当前为移动线操作状态
    GLinMMTmpNdx= FindLin(GLinTmpNdxF, GLinTmpDatF, point, GLinNum, GLinNdx); //
查找单击点最近的一条线
```

```
    GLinMMOffsetX=0;
    GLinMMOffsetY=0;
    GLinLBDPnt= point;
    GLinMMPnt= point;
    break;
  default:
    break;
  }
}
```

(6)修改鼠标移动(Move)的消息响应函数,实现边移动边画线。找到 CMapEditorView.cpp 中的鼠标移动消息响应事件 OnMouseMove(UINT nFlags，CPoint point)，在线编辑的 if (GLinFCreated){…}函数体中添加如下 case 语句:

```
case OPERSTATE_MOVE_LIN: //当前为移动线操作状态
  if (GLinNdx ! = - 1)
  {
    CClientDC dc(this);
    dc.SetROP2(R2_NOTXORPEN);// 设置异或模式
    D_DOT dot1, dot2;
    POINT pnt1, pnt2;
    //擦除原来的线
    for (int i=0; i <  GLinMMTmpNdx.dotNum - 1; i+ + )
    {
      ReadTempFileToLinDat(GLinTmpDatF,GLinMMTmpNdx.datOff,i, dot1);
      ReadTempFileToLinDat(GLinTmpDatF, GLinMMTmpNdx.datOff, i+1, dot2);
      DotToPnt(pnt1, dot1);
      DotToPnt(pnt2, dot2);
      pnt1.x + =  GLinMMOffsetX;
      pnt1.y + =  GLinMMOffsetY;
      pnt2.x + =  GLinMMOffsetX;
      pnt2.y + =  GLinMMOffsetY;
      DrawSeg(&dc, GLinMMTmpNdx, pnt1, pnt2);
    }
    //计算偏移量
    GLinMMOffsetX= GLinMMOffsetX +  point.x -  GLinMMPnt.x;
    GLinMMOffsetY= GLinMMOffsetY +  point.y -  GLinMMPnt.y;
    //在新的位置绘制一条新的线段
    for (int i=0; i <  GLinMMTmpNdx.dotNum -  1; i+ + )
    {
      ReadTempFileToLinDat(GLinTmpDatF, GLinMMTmpNdx.datOff, i, dot1);
      ReadTempFileToLinDat(GLinTmpDatF, GLinMMTmpNdx.datOff, i+1, dot2);
```

```
      DotToPnt(pnt1, dot1);

      DotToPnt(pnt2, dot2);

      pnt1.x + = GLinMMOffsetX;

      pnt1.y + = GLinMMOffsetY;

      pnt2.x + = GLinMMOffsetX;

      pnt2.y + = GLinMMOffsetY;

      DrawSeg(&dc, GLinMMTmpNdx, pnt1, pnt2);
    }
    GLinMMPnt= point;
  }
  break;
```

(7)修改鼠标左键弹起(Up)的消息响应函数,更新线临时文件数据。即在鼠标左键弹起的时候计算偏移量,并将新的坐标写入临时文件当中。找到 MapEditorView. cpp 中鼠标左键弹起的消息响应函数 OnLButtonUp(UINT nFlags,CPoint point),在线编辑的 if(GLinF-Created){...}函数体中添加如下 case 语句:

```
case OPERSTATE_MOVE_LIN://当前为移动线操作状态
  if (GLinNdx ! = - 1)
  {
    if (GLinLBDPnt.x ! = - 1 && GLinLBDPnt.y ! = - 1)
    {
      D_DOT dot1, dot2;
      PntToDot(dot1, point);
      PntToDot(dot2, GLinLBDPnt);
      double offset_x= dot1.x -  dot2.x;
      double offset_y= dot1.y -  dot2.y;
      UpdateLin(GLinTmpNdxF, GLinTmpDatF, GLinNdx, offset_x, offset_y);
      GLinNdx= - 1;
      GLinMMOffsetX= 0;
      GLinMMOffsetY= 0;
      GLinChanged= true;
    }
  }
  break;
```

(8)调试运行程序。在程序中进行移动线操作:如图 3.16.1 所示单击"线编辑"→"移动线",然后在窗口屏幕上线数据的位置单击鼠标左键(选中最近线),按住左键移动线,放开鼠标后即可完成移动线功能。

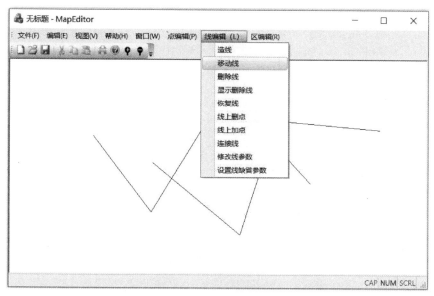

图 3.16.1　移动线操作

练习 17　放大(图形)

1. 练习内容(反复练习下列内容,达到练习目标)

(1)学习坐标原点和坐标系的概念。

(2)学习屏幕坐标系和图形坐标系的转换关系。

(3)理解和练习缩放系数的运用。

(4)实现点击放大(原 3/4 放大到 4/4)、拉框放大功能。

2. 练习目标(实习结束时请在达到的目标前打勾"√")

(1)已理解坐标原点和坐标系的概念。

(2)已理解掌握屏幕坐标系和图形坐标系的转换关系。

(3)已理解并掌握缩放系数的运用。

(4)已实现了点击放大和拉框放大功能。

3. 算法思想

放大的原理就是将点从数据坐标系(图形坐标系)转换到窗口坐标系(屏幕坐标系)。转换的方式就是对数据坐标的点进行平移,然后进行增大来实现。转化的示意图如图 3.17.1 所示。

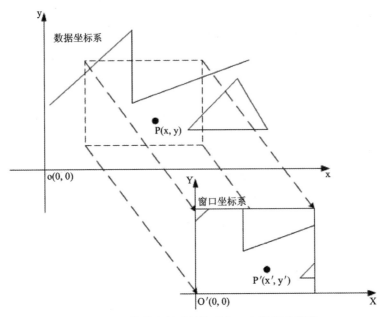

图 3.17.1　数据坐标系转换到窗口坐标系示意图

图中 P 点 y 坐标从数据坐标转换到窗口坐标的计算方法如下所示(公式中 r 为放大倍数)。x 坐标同理。

$$y^{'} = (y - y_o)r$$

下面以 P 点的 y 坐标为例,给出计算放大 n 次后坐标转换的计算方法。

$$\begin{cases} y^{(n)} = (y - y_0^{(n)})R_n, \\ R_n = R_{n-1} \cdot r_n, (R_0 = 1.0, n \geqslant 1) \\ y_o^{(n)} = y_o^{(n-1)} + \dfrac{Y_n}{R_{n-1}}, (y_o^{(0)} = 0, n \geqslant 1) \end{cases}$$

其中,$y^{(n)}$ 为放大 n 次后,P 点在窗口坐标系中的 y 值。y 为 P 点在数据坐标系中的值,r_n 为第 n 次放大时放大的倍数。R_n 第 n 次放大后的显示比例。$y_o^{(n)}$ 为放大 n 次后的窗口坐标系原点在数据坐标系中的 y 值,Y_n 为第 n 次放大时窗口坐标系原点在放大 n－1 次的窗口坐标系中的 y 值。

4. 操作说明及要求

(1)该功能实现点击放大和拉框放大。

(2)点击放大。鼠标左键单击"窗口"→"放大"菜单项,鼠标左键单击客户区,在鼠标左键抬起的时候会将客户区上的元素放大 4/3 倍,并且将鼠标左键单击的位置显示到客户区中心。

(3)拉框放大。鼠标左键单击"窗口"→"放大"菜单项,鼠标左键在客户区中拖动会画出一个以鼠标左键按下的位置为起始位置,以鼠标左键弹起的位置为终止位置画一个矩形。在鼠标左键弹起的时候将客户区上的元素放大一定的倍数,并且将矩形框的中心位置显示到客户区中心,使得矩形框内容放大显示到客户区。

5. 实现过程说明

实现该功能需要修改如下 4 个消息响应函数。

(1)修改"窗口"→"放大"菜单响应函数 OnWindowZoomIn,在函数中设置相应的操作状态。

(2)修改鼠标左键按下消息响应函数 OnLButtonDown,在函数中添加针对放大的代码,记录鼠标左键按下的位置。

(3)修改鼠标移动消息响应函数 OnMouseMove,在函数中添加针对放大的代码,在此函数中绘制跟随鼠标移动的矩形框。

(4)修改鼠标左键弹起消息响应函数 OnLButtonUp,在函数中添加针对放大的代码,实现如下流程:

· 根据鼠标按下和弹起位置之间的距离判断是点击放大还是拉框放大。

· 如果是点击放大:根据鼠标左键抬起的位置,计算出窗口坐标系的原点坐标;更新放大倍数。

· 如果是拉框放大:根据鼠标左键按下的位置和鼠标左键抬起的位置计算出矩形的中心点;利用矩形的中心点,计算出窗口坐标系的原点坐标;用客户区的长比上矩形框的长,用客户区的宽比上矩形框的宽,取这两个比值中较小的一个作为本次放大的放大倍数;更新放大倍数。

· 根据窗口坐标系的原点坐标和放大系数,计算窗口坐标系中各个元素的坐标并按照窗口坐标显示出来。

为了实现放大功能,还需要进行以下准备:

(1)编写数据坐标系转换到窗口坐标系的函数 PntDPtoVP。

(2)编写计算矩形中心的函数 GetCenter。

(3)编写计算拉框放大时放大倍数的函数 modulusZoom。

(4)编写新的显示点和显示线的函数 ShowAllPnt 和 ShowAllLin,使其根据窗口坐标系进行显示。

6. 上机指南

(1)打开 Visual Studio2019,在练习 16 的成果下进行操作。

(2)编写数据坐标系转换到窗口坐标系的函数 PntDPtoVP。

· 打开 Calculate.h 头文件,在宏定义中添加 PntDPtoVP 的函数声明。

```
//数据坐标系转换到窗口坐标系的函数声明
void PntDPtoVP(D_DOT& pt, double zoom, double offset_x, double offset_y);
```

· 打开 Calculate.cpp 源文件,在里面添加 PntDPtoVP 的函数定义。

```
//数据坐标系转换到窗口坐标系的函数声明
void PntDPtoVP(D_DOT& pt, double zoom, double offset_x, double offset_y)
{
  pt.x= pt.x - offset_x;
  pt.y= pt.y - offset_y;
  pt.x= zoom * pt.x;
  pt.y= zoom * pt.y;
}
```

(3)编写计算矩形中心的函数 GetCenter。

· 打开 Calculate.h 头文件,在宏定义中添加 GetCenter 的函数声明。

```
//计算矩形中心的函数声明
D_DOT GetCenter(RECT rect);
```

· 打开 Calculate.cpp 源文件,在里面添加 GetCenter 的函数定义。

```
//计算矩形中心
D_DOT GetCenter(RECT rect)
{
  D_DOT pt;
  pt.y= 0.5 * (rect.bottom + rect.top);
  pt.x= 0.5 * (rect.right + rect.left);
  return pt;
}
```

(4)编写计算拉框放大时放大倍数的函数 modulusZoom。此函数根据客户区矩形的大小和拉框的矩形计算出放大的倍数。

· 打开 Calculate.h 头文件,在宏定义中添加 modulusZoom 的函数声明。

```
//计算拉框放大时放大的倍数的函数声明
void modulusZoom(RECT client, RECT rect, double& zoom);
```

· 打开 Calculate.cpp 源文件,在里面添加 modulusZoom 的函数定义。

```
/* 计算拉框放大时放大的倍数*/
void modulusZoom(RECT client, RECT rect, double& zoom)
{
  zoom= min(client.right / (double)(rect.right - rect.left), client.bottom /
(double)(rect.bottom - rect.top));
}
```

(5)编写新的显示点和显示线的函数,使其根据窗口坐标系进行显示。

· 打开 Paint.h 头文件,在里面添加新的显示点 ShowAllPnt 的函数声明和显示线 ShowAllLin 的函数声明。

```
/* 显示所有点(新)的函数声明* /
void ShowAllPnt(CClientDC* dc, CFile* PntTmpF, int PntNum, double zoomOffset_x,
double zoomOffset_y, double zoom, char isDel);
/* 显示所有线(新)的函数声明* /
void ShowAllLin(CClientDC* dc, CFile* LinTmpNdxF, CFile* LinTmpDatF, int Lin-
Num, double zoomOffest_x, double zoomOffest_y, double zoom, char isDel);
```

· 打开 Paint. cpp 源文件,在里面添加新的显示点 ShowAllPnt 的函数定义和显示线 ShowAllLin 的函数定义。

```
//显示所有点(新)
void ShowAllPnt(CClientDC* dc, CFile* PntTmpF, int PntNum, double zoomOffset_x,
double zoomOffset_y, double zoom, char isDel)
{
  PNT_STRU point;
  D_DOT xy;
  for (int i=0; i < PntNum; + + i)//显示点
  {
    ReadTempFileToPnt(PntTmpF, i, point);//从临时文件读取点
    if (point.isDel = = isDel)
    {
      xy.x= point.x;
      xy.y= point.y;
      //坐标系转换(数据转窗口)
      PntDPtoVP(xy, zoom, zoomOffset_x, zoomOffset_y);
      point.x= xy.x;
      point.y= xy.y;
      DrawPnt(dc, point);//绘制点
    }
  }
}
/* 显示所有线(新)* /
void ShowAllLin(CClientDC* dc, CFile* LinTmpNdxF, CFile* LinTmpDatF, int Lin-
Num, double zoomOffest_x, double zoomOffest_y, double zoom, char isDel)
{
  LIN_NDX_STRU line;
  for (int i=0; i < LinNum; i+ + )
  {
    ReadTempFileToLinNdx(LinTmpNdxF, i, line);//从临时文件读取线索引
    if (line.isDel = = isDel)
    {
```

```
        D_DOT dot1, dot2;
        POINT pnt1, pnt2;
        for (int j=0; j < line.dotNum-1; j++ )
        {
            //从临时文件读取线的点数据
            ReadTempFileToLinDat(LinTmpDatF, line.datOff, j, dot1);
            ReadTempFileToLinDat(LinTmpDatF, line.datOff, j+1, dot2);
            //坐标系转换(数据转窗口)
            PntDPtoVP(dot1, zoom, zoomOffest_x, zoomOffest_y);
            PntDPtoVP(dot2, zoom, zoomOffest_x, zoomOffest_y);
            DotToPnt(pnt1, dot1);
            DotToPnt(pnt2, dot2);
            DrawSeg(dc, line, pnt1, pnt2); //绘制线
        }
    }
  }
}
```

(6)修改"窗口"→"放大"菜单响应函数 OnWindowZoomIn,在函数中设置相应的操作状态。打开 MapEditorView.cpp 文件在 OnWindowZoomIn 函数中添加如下代码:

```
if (GPntFCreated || GLinFCreated || GRegFCreated)
{
  GCurOperState= OPERSTATE_ZOOM_IN;//当前为放大操作状态
}
else
{
  MessageBox(L"TempFile have not been created.", L"Message", MB_OK);
}
```

(7)修改鼠标左键按下消息响应函数 OnLButtonDown,在函数中添加针对放大的代码。

· 打开 MapEditorView.cpp,添加如下全局变量:

```
CPoint GZoomLBDPnt(-1,-1);//放大时鼠标左键抬起的点
CPoint GZoomMMPnt(-1, -1);//放大时鼠标移动前一状态
```

· 打开 MapEditorView.cpp,在鼠标左键按下消息响应函数 OnLButtonDown 中添加如下代码:

```
if (GPntFCreated || GLinFCreated || GRegFCreated)
{
  switch (GCurOperState)
  {
  case OPERSTATE_ZOOM_IN://当前为放大操作状态
```

```
       GZoomLBDPnt= point;
       GZoomMMPnt= point;
    break;
  default:
    break;
  }
}
```

(8)修改鼠标移动消息响应函数 OnMouseMove,在函数中添加针对放大的代码,并在此消息响应函数中添加绘制跟随鼠标拉伸的矩形框。打开 MapEditorView.cpp 文件,在鼠标移动消息响应函数 OnMouseMove 中添加如下代码:

```
if (GPntFCreated || GLinFCreated || GRegFCreated)
{
  CClientDC dc(this);//获取本窗口或当前活动视图
  CPen pen(PS_DOT, 1, RGB(0, 0, 0));
  CPen* oldPen= dc.SelectObject(&pen);
  switch (GCurOperState)
  {
  case OPERSTATE_ZOOM_IN://当前为放大操作状态
    if (GZoomMMPnt.x ! = - 1 && GZoomMMPnt.y ! = -1)
    {
      dc.SetROP2(R2_NOTXORPEN);//设置异或模式画线
      dc.Rectangle(GZoomLBDPnt.x, GZoomLBDPnt.y, GZoomMMPnt.x, GZoomMMPnt.y);
      dc.Rectangle(GZoomLBDPnt.x, GZoomLBDPnt.y, point.x, point.y);
      GZoomMMPnt= point;
      dc.SelectObject(oldPen);
    }
    break;
  default:
    break;
  }
}
```

(9)修改鼠标左键弹起消息响应函数 OnLButtonUp,在函数中添加针对放大的代码,在此函数计算窗口坐标系的原点坐标。

· 打开 MapEditorView.cpp,添加如下全局变量:

```
double GZoomOffset_x=0;//偏移向量
double GZoomOffset_y=0;
double GZoom= 1.0;//缩放系数
int GZoomStyle=0;//放大方式
```

· 打开 MapEditorView.cpp，在鼠标左键弹起消息响应函数 OnLButtonUp 中添加如下
代码：

```
if (GPntFCreated || GLinFCreated || GRegFCreated)
{
  RECT client, rect;
  double zoom= 1.0;
  switch (GCurOperState)
  {
  case OPERSTATE_ZOOM_IN://当前为放大操作状态
    GetClientRect(&client);
    if (abs(GZoomLBDPnt.x - GZoomMMPnt.x) <= 10 && abs(GZoomLBDPnt.y - GZoom-
MMPnt.y) <= 10)
    {
      GZoomStyle=0;//单击放大
    }
    else
    {
      GZoomStyle= 1;//拉框放大
    }
    if (GZoomStyle == 0)
    {                    //单击放大
      double x0= point.x - (client.right / 2.0) + (client.right / 8.0);
      double y0= point.y - (client.bottom / 2.0) + (client.bottom / 8.0);
      GZoomOffset_x += (x0 / GZoom);//偏移向量 x
      GZoomOffset_y += (y0 / GZoom);//偏移向量 y
      GZoom *= 4 / 3.0;//缩放系数为 4/3
    }
    else
    {                    //拉框放大
      rect.right= max(point.x, GZoomLBDPnt.x);
      rect.left= min(point.x, GZoomLBDPnt.x);
      rect.bottom= max(point.y, GZoomLBDPnt.y);
      rect.top= min(point.y, GZoomLBDPnt.y);
      modulusZoom(client, rect, zoom);
      double x0= GetCenter(rect).x - (client.right / 2.0) + (client.right * (zoom
- 1) / (2.0 * zoom));
      double y0= GetCenter(rect).y - (client.bottom / 2.0) + (client.bottom *
(zoom - 1) / (2.0 * zoom));
      GZoomOffset_x += (x0 / GZoom);//偏移向量 x
```

```
    GZoomOffset_y + =  (y0 / GZoom);//偏移向量 y
    GZoom * =  zoom;//缩放系数
    GZoomStyle=0;
  }
  GZoomLBDPnt= CPoint(-1, -1);
  GZoomMMPnt= CPoint(-1, -1);
  this- > Invalidate();
  break;
default:
  break;
  }
}
```

（10）修改 OnDraw 函数，调用新的显示点、显示线函数。打开 MapEditorView. cpp 文件，在 OnDraw 函数中进行如下修改。

- 注释掉原来的显示点函数和显示线函数。

```
//ShowAllPnt(&dc, GPntTmpF, GPntNum);
//ShowAllLin(&dc, GLinTmpNdxF, GLinTmpDatF, GLinNum);
```

- 添加新的显示点和显示线函数。

```
//绘制现实所有点
ShowAllPnt(&dc, GPntTmpF, GPntNum, GZoomOffset_x, GZoomOffset_y, GZoom, 0);
//绘制显示所有线
ShowAllLin(&dc, GLinTmpNdxF, GLinTmpDatF, GLinNum, GZoomOffset_x, GZoomOffset_y,
GZoom,0);
```

（11）调试运行程序。在程序中进行放大操作：如图 3.17.2 所示，单击"窗口"→"放大"，然后在窗口屏幕上进行单击放大或拉框放大操作。如进行拉框放大，其效果如图 3.17.3、图 3.17.4所示。

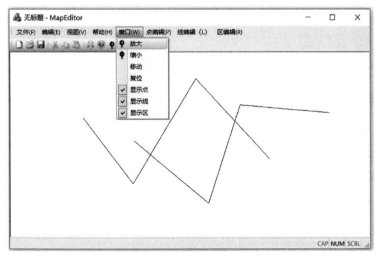

图 3.17.2　选择放大操作

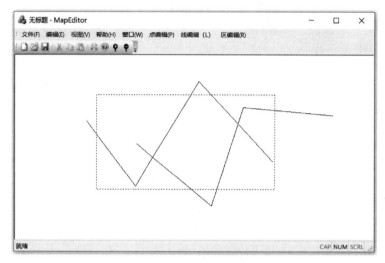

图 3.17.3　拉框放大操作

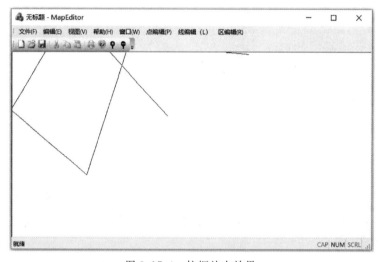

图 3.17.4　拉框放大效果

练习 18　缩小

1.练习内容(反复练习下列内容,达到练习目标)

(1)复习坐标原点和坐标系的概念。
(2)复习屏幕坐标系和图形坐标系的转换关系。
(3)进一步理解和练习缩放系数的运用。
(4)实现点击缩小(原 4/4 缩小到 3/4)功能。

2.练习目标(实习结束时请在达到的目标前打勾"√")

(1)已理解坐标原点和坐标系、屏幕坐标系和图形坐标系的转换关系。

（2）已理解和掌握缩放系数的运用。

（3）已实现了点击缩小功能（每次缩小 3/4 的比例）。

3. 操作说明及要求

窗口缩小的功能与放大功能类似，其算法原理（即坐标系转换关系）请参见练习 17 中的"算法思想"内容。

（1）该功能实现点击缩小视图窗口中的图形。

（2）执行"缩小"功能时，在视图窗口中点击鼠标左键，每次点击缩小 3/4 的比例。

4. 实现过程说明

该功能的实现需要修改下列 2 个消息响应函数。

（1）修改"窗口"→"缩小"菜单命令处理函数 OnWindowZoomOut，在函数中设置相应的操作状态。

（2）修改鼠标左键弹起消息响应函数 OnLButtonUp，在该函数中添加针对缩小操作状态的代码，实现如下流程：将视窗中的图形仿照放大练习中点击放大的方法改变图形坐标，缩小图形；将缩小后的图形仿照放大练习中点击放大中的方法将鼠标位置设置为屏幕中心后移动图形坐标；重新绘制图形。

5. 上机指南

（1）打开 Visual Studio2019，在练习 17 的成果下进行操作。

（2）修改"窗口"→"缩小"菜单项的事件处理程序 OnWindowZoomOut()。打开 MapEditorView. cpp 文件，在 OnWindowZoomOut()中添加如下语句：

```
if (GPntFCreated || GLinFCreated || GRegFCreated)
{
  GCurOperState= OPERSTATE_ZOOM_OUT;//设置为缩小操作状态
}
else
{
  MessageBox(L"TempFile have not been created.", L"Message", MB_OK);
}
```

（3）修改鼠标左键弹起消息响应函数 OnLButtonUp，添加缩小功能的具体实现代码。在 MapEditorView. cpp 文件下的鼠标左键抬起消息响应函数 OnLButtonUp(UINT nFlags, CPoint point)的 if (GPntFCreated || GLinFCreated || GRegFCreated)语句中，添加实现放大功能的 case 语句：

```
case OPERSTATE_ZOOM_OUT://当前为缩小操作状态
  if (true)
  {
    GetClientRect(&client);
```

```
    double x0= point.x- (client.right/ 2.0) - (client.right / 8.0);

    double y0= point.y- (client.bottom/2.0) - (client.bottom/ 8.0);

    GZoomOffset_x + = (x0 / GZoom);//偏移向量 x

    GZoomOffset_y + = (y0 / GZoom);//偏移向量 y

    GZoom * = 3 / 4.0;//缩放系数为 3/4

    this- > Invalidate();

    }
break;
```

通过上面的步骤,我们就实现了点击缩小功能,缩小中用到的 GZoomOffset、GZoom 是放大时定义的全局变量,在此可以直接使用。

(4)调试运行程序。在程序中进行缩小操作:与放大类似,单击如图 3.18.1 所示的"窗口"→"缩小",然后在窗口屏幕上进行单击缩小操作,其效果如图 3.18.2 所示。

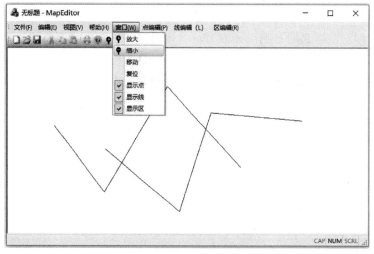

图 3.18.1　缩小操作

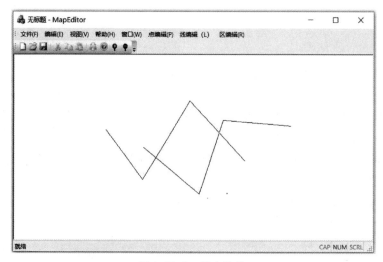

图 3.18.2　缩小效果

练习 19　重新理解坐标系,重构已实现的点编辑和线编辑功能

1. 练习内容(反复练习下列内容,达到练习目标)

(1)复习数据坐标系与窗口坐标系,及其转换关系。

(2)在重新理解坐标系的基础上,整合前面练习中的点编辑与线编辑等功能。

(3)重构项目,实现支持图形缩放的点、线的编辑功能。

2. 练习目标(实习结束时请在达到的目标前打勾"√")

(1)进一步理解了数据坐标系与窗口坐标系的区别,掌握了两者之间的转换关系。

(2)已经实现了支持图形缩放的点、线的编辑功能。

(3)巩固了点、线的编辑功能的实现,进一步掌握了对于图形绘制的实现原理与方法。

3. 操作说明及要求

数据窗口是指一个虚拟存在的屏幕,而窗口是在屏幕上看到的视图客户区域。数据坐标就是内存中虚拟的坐标,而窗口坐标就是与具体设备相联系的坐标。数据坐标系与窗口坐标系的转换关系请参见练习 17 中的"算法思想"内容。

本练习旨在将数据坐标和窗口坐标相互转换,从而能在"放大"和"缩小"的显示中实现点、线的相关操作。

4. 实现过程说明

对"点编辑"下的"造点""删除点""移动点"功能的坐标进行坐标系转换:

(1)添加点时,点的坐标(即鼠标所在位置的坐标)从窗口坐标系转换到数据坐标系,再写入文件。

(2)查找点时,将鼠标当前的坐标从窗口坐标系转换到数据坐标系,从而能从文件中找到距离鼠标最近的点。

(3)移动点时,通过查找点获取要移动的点,此时这个点的坐标属于数据坐标系,要将其转换到窗口坐标系以便能实现在移动中正确显示该点。最后确定目的位置时,将点的坐标(即鼠标所在位置的坐标)从窗口坐标系转换到数据坐标系,再写入文件。

对"线编辑"下的"造线""删除线""移动线"功能的坐标进行坐标系转换:

(1)添加线时,对每个点的坐标(即鼠标所在位置的坐标)从窗口坐标系转换到数据坐标系,再写入文件;再将这个点的坐标从数据坐标系转换到窗口坐标系并保存于 GLPnt(记录线段的起点),从而能在画线的过程中正确显示。

(2)查找线时,将鼠标当前的坐标从窗口坐标系转换到数据坐标系,从而能从文件中找到距离鼠标最近的线。

(3)移动线时,通过查找线获取要移动的线,因查找时,将鼠标当前的坐标转换成数据坐标系,这时要将当前鼠标的坐标转换回窗口坐标系并保存于 GLinLBDPnt(记录鼠标左键按

下的位置),从而能在之后的过程中正确使用。在移动时,将从文件中读取的线的点坐标从数据坐标系转换到窗口坐标系,从而能在移动过程中正确显示。最后确定目的位置时,将当前鼠标的坐标和 GLinLBDPnt 的坐标从窗口坐标系转换到数据坐标系,从而能算出正确的偏移量,将移动后的线的点坐标加上偏移量并写入文件中。

为了实现上述转换,需实现窗口坐标系转换到数据坐标系的函数 DotVPtoDP。

5. 上机指南

(1)打开 Visual Studio2019,在上一次练习的基础上进行操作。

(2)添加"窗口坐标系转换到数据坐标系"的函数。

• 在"Calculate. h"文件中添加函数声明:

```
/* 窗口坐标系转换到数据坐标系的函数声明* /
void PntVPtoDP(D_DOT& pt, double zoom, double offset_x, double offset_y);
```

• 在"Calculate. cpp"文件中添加函数定义:

```
/* 窗口坐标系转换到数据坐标系* /
void PntVPtoDP(D_DOT& pt, double zoom, double offset_x, double offset_y)
{
  pt.x= pt.x / zoom;
  pt.y= pt.y / zoom;
  pt.x= pt.x +  offset_x;
  pt.y= pt.y +  offset_y;
}
```

(3)重构点编辑功能。

• 造点,修改鼠标左键弹起的消息响应函数。在"MapEditorView. cpp"中找到 OnLButtonUp(),在 switch(GCurOperState){ }前添加局部变量 D_DOT dot,将 OPERSTATE_INPUT_PNT 的 case 语句修改如下:

```
case OPERSTATE_INPUT_PNT://当前为绘制点状态
  PNT_STRU pnt;//点对象
  memcpy_s(&pnt, sizeof(PNT_STRU), &GPnt, sizeof(PNT_STRU));
  PntToDot(dot, point);
  PntVPtoDP(dot, GZoom, GZoomOffset_x, GZoomOffset_y);//坐标系转换
  pnt.x= dot.x;
  pnt.y= dot.y;
  WritePntToFile(GPntTmpF, GPntNum, pnt);//将点写入临时文件
  PntDPtoVP(dot, GZoom, GZoomOffset_x, GZoomOffset_y);//坐标系转换
  pnt.x= dot.x;
  pnt.y= dot.y;
  DrawPnt(&dc, pnt);//绘制点
  GPntNum+ + ;//点物理数加 1
```

```
GPntLNum+ ;//点逻辑数加 1
GPntChanged= true;//是否更改标志设置为 true
break;
```

· 删除点,修改鼠标左键弹起的消息响应函数。在"MapEditorView. cpp"中找到 OnL-ButtonUp(),将 OPERSTATE_DELETE_PNT 的 case 语句修改如下:

```
case OPERSTATE_DELETE_PNT:  //当前为删除点操作状态
  PntToDot(dot, point);
  PntVPtoDP(dot, GZoom, GZoomOffset_x, GZoomOffset_y);//坐标系转换
  DotToPnt(point, dot);
  FindPnt(point, GPntNum, GPntTmpF, GPntNdx);//查找最近的点
  if (GPntNdx ! = - 1)
  {
    PNT_STRU pnt;
    ReadTempFileToPnt(GPntTmpF, GPntNdx, pnt);//从临时点文件读点
    pnt.isDel= 1;//删除标志位置为 1
    UpdatePnt(GPntTmpF, GPntNdx, pnt);//更新该点数据
    dot.x= pnt.x;
    dot.y= pnt.y;
    PntDPtoVP(dot, GZoom, GZoomOffset_x,GZoomOffset_y);//坐标系转换
    pnt.x= dot.x;
    pnt.y= dot.y;
    DrawPnt(&dc, pnt);//异或模式重绘该点以清除屏幕
    GPntNdx =-1;
    GPntChanged= true;
    GPntLNum- - ;//删除一个点,逻辑数减 1,但物理储存不变
  }
  break;
```

· 移动点,修改鼠标左键按下的消息响应函数。在"MapEditorView. cpp"中找到 OnL-ButtonDown()函数,将 OPERSTATE_MOVE_PNT 的 case 语句修改如下:

```
case OPERSTATE_MOVE_PNT://当前为移动点操作状态
  D_DOT dot;
  PntToDot(dot, point);
  PntVPtoDP(dot, GZoom,GZoomOffset_x, GZoomOffset_y);//坐标系转换
  DotToPnt(point, dot);
  GTPnt= FindPnt(point, GPntNum, GPntTmpF, GPntNdx);//查最近点
  dot.x= GTPnt.x;
  dot.y= GTPnt.y;
  PntDPtoVP(dot, GZoom, GZoomOffset_x, GZoomOffset_y);//坐标系转换
```

```
GTPnt.x= dot.x;

GTPnt.y= dot.y;

break;
```

• 移动点,修改鼠标左键弹起的消息响应函数。在"MapEditorView.cpp"中找到 OnL-ButtonUp(),将 OPERSTATE_MOVE_PNT 的 case 语句修改如下:

```
case OPERSTATE_MOVE_PNT: //当前为移动点操作状态
  if (GPntNdx ! =-1)
  {
    PNT_STRU pnt;
    PntToDot(dot, point);
    PntVPtoDP(dot, GZoom, GZoomOffset_x,GZoomOffset_y);//坐标系转换
    ReadTempFileToPnt(GPntTmpF, GPntNdx, pnt);//从临时文件读取点
    pnt.x = dot.x;//移动后的点坐标 x
    pnt.y = dot.y;//移动后的点坐标 y
    UpdatePnt(GPntTmpF, GPntNdx, pnt);//更新点数据(写入临时文件)
    GPntNdx =-1;
    GPntChanged= true;//数据发生变更
  }
  break;
```

(4)重构线编辑功能。

• 造线,修改鼠标左键弹起的消息响应函数。在"MapEditorView.cpp"中找到 OnLBut-tonUp()函数,将 OPERSTATE_INPUT_LIN 的 case 语句修改如下:

```
case OPERSTATE_INPUT_LIN://当前为绘制线操作状态
  if (GTLin.dotNum = = 0)
    memcpy_s(&GTLin,sizeof(LIN_NDX_STRU),&GLin, sizeof(LIN_NDX_STRU));
  PntToDot(dot, point);
  PntVPtoDP(dot, GZoom,GZoomOffset_x,GZoomOffset_y);//坐标系转换
  WriteLinDatToFile(GLinTmpDatF, GLin.datOff, GTLin.dotNum, dot);
  //将线的点数据写入临时文件中
  GTLin.dotNum+ + ;//线的点数加 1
  PntDPtoVP(dot, GZoom, GZoomOffset_x, GZoomOffset_y);//坐标系转换
  GLPnt.x= (long)dot.x;//设置线段的起点(x)
  GLPnt.y= (long)dot.y;//设置线段的起点(y)
  GLinChanged= true;//线数据变更
  break;
```

• 删除线,修改鼠标左键弹起的消息响应函数。在"MapEditorView.cpp"中找到 OnL-

ButtonUp()函数,将 OPERSTATE_DELETE_LIN 的 case 语句修改如下:

```
case OPERSTATE_DELETE_LIN://当前为删除线操作状态
  PntToDot(dot, point);
  PntVPtoDP(dot, GZoom, GZoomOffset_x, GZoomOffset_y);//坐标系转换
  DotToPnt(point, dot);
  FindLin(GLinTmpNdxF, GLinTmpDatF, point, GLinNum, GLinNdx);//查找线
  if (GLinNdx ! = - 1)
  {
    GLinLNum- - ;
    GLinChanged= true;//线数据变更
    LIN_NDX_STRU TmpLinNdx;
    D_DOT dot1, dot2;
    POINT pnt1, pnt2;
    //从临时线索引文件中读取线索引
    ReadTempFileToLinNdx(GLinTmpNdxF, GLinNdx, TmpLinNdx);
    TmpLinNdx.isDel= 1;//设置删除标记
    UpdateLin(GLinTmpNdxF, GLinNdx, TmpLinNdx);//更新线
    for (int i=0; i <  TmpLinNdx.dotNum -  1; + + i)
    {
      //从临时线的点数据文件中读取点
      ReadTempFileToLinDat(GLinTmpDatF,TmpLinNdx.datOff,i, dot1);
      ReadTempFileToLinDat(GLinTmpDatF,TmpLinNdx.datOff,i+1, dot2);
      //坐标系转换(数据转窗口坐标系)
      PntDPtoVP(dot1, GZoom, GZoomOffset_x, GZoomOffset_y);
      PntDPtoVP(dot2, GZoom, GZoomOffset_x, GZoomOffset_y);
      DotToPnt(pnt1, dot1);
      DotToPnt(pnt2, dot2);
      DrawSeg(&dc, TmpLinNdx, pnt1, pnt2);//重绘
    }
    GLinNdx =-1;
  }
  break;
```

• 移动线,修改鼠标左键按下的消息响应函数。在"MapEditorView. cpp"文件中找到 OnLButtonDown()函数,将 OPERSTATE_MOVE_LIN 的 case 语句修改如下:

```
case OPERSTATE_MOVE_LIN: //当前为移动线操作状态
  D_DOT dot;
  PntToDot(dot, point);
  PntVPtoDP(dot, GZoom, GZoomOffset_x, GZoomOffset_y);//坐标系转换
  DotToPnt(point, dot);
  //查找最近的线
```

```
GLinMMTmpNdx= FindLin(GLinTmpNdxF, GLinTmpDatF, point, GLinNum, GLinNdx);

GLinMMOffsetX=0;

GLinMMOffsetY=0;

PntDPtoVP(dot, GZoom, GZoomOffset_x, GZoomOffset_y);//坐标系转换

DotToPnt(point, dot);

GLinLBDPnt= point;

GLinMMPnt= point;

break;
```

- 移动线,修改鼠标移动的消息响应函数。在"MapEditorView. cpp"中找到 OnMouse-Move()函数,将 OPERSTATE_MOVE_LIN 的 case 语句修改如下:

```
case OPERSTATE_MOVE_LIN: //当前为移动线操作状态
  if (GLinNdx ! =-1)
  {
    CClientDC dc(this);
    dc.SetROP2(R2_NOTXORPEN);// 设置异或模式
    D_DOT dot1, dot2;
    POINT pnt1, pnt2;
    //擦除原来的线
    for (int i=0; i < GLinMMTmpNdx.dotNum-1; i++)
    {
      //从临时文件中读取线的点
    ReadTempFileToLinDat(GLinTmpDatF,GLinMMTmpNdx.datOff,i,dot1);

    ReadTempFileToLinDat(GLinTmpDatF,GLinMMTmpNdx.datOff,i+1,dot2);

      //坐标系转换(数据转窗口)
      PntDPtoVP(dot1, GZoom, GZoomOffset_x, GZoomOffset_y);

      PntDPtoVP(dot2, GZoom, GZoomOffset_x, GZoomOffset_y);

      DotToPnt(pnt1, dot1);

      DotToPnt(pnt2, dot2);

      pnt1.x + = GLinMMOffsetX;

      pnt1.y + = GLinMMOffsetY;

      pnt2.x + = GLinMMOffsetX;

      pnt2.y + = GLinMMOffsetY;

      DrawSeg(&dc,GLinMMTmpNdx,pnt1,pnt2);//重绘(异或模式擦除)
    }
    //计算偏移量
    GLinMMOffsetX= GLinMMOffsetX + point.x - GLinMMPnt.x;

    GLinMMOffsetY= GLinMMOffsetY + point.y - GLinMMPnt.y;

    //在新的位置绘制一条新的线段
    for (int i=0; i < GLinMMTmpNdx.dotNum-1; i++)
```

```
    {
        //从临时文件中读取线的点
        ReadTempFileToLinDat(GLinTmpDatF,GLinMMTmpNdx.datOff,i, dot1);
        ReadTempFileToLinDat(GLinTmpDatF,GLinMMTmpNdx.datOff,i+ 1,dot2);
        //坐标系转换(数据转窗口)
        PntDPtoVP(dot1, GZoom, GZoomOffset_x, GZoomOffset_y);
        PntDPtoVP(dot2, GZoom, GZoomOffset_x, GZoomOffset_y);
        DotToPnt(pnt1, dot1);
        DotToPnt(pnt2, dot2);
        pnt1.x + = GLinMMOffsetX;
        pnt1.y + = GLinMMOffsetY;
        pnt2.x + = GLinMMOffsetX;
        pnt2.y + = GLinMMOffsetY;
        DrawSeg(&dc, GLinMMTmpNdx, pnt1, pnt2); //重绘(绘制新线)
    }
    GLinMMPnt= point;
}
break;
```

• 移动线,修改鼠标左键弹起的消息响应函数。在"MapEditorView. cpp"中找到 OnL-ButtonUp()函数,将 OPERSTATE_MOVE_LIN 的 case 语句修改如下:

```
case OPERSTATE_MOVE_LIN://当前为移动线操作状态
    if (GLinNdx ! = -1)
    {
        if (GLinLBDPnt.x ! = -1 && GLinLBDPnt.y ! = -1)
        {
            D_DOT dot1, dot2;
            PntToDot(dot1, point);
            PntVPtoDP(dot1, GZoom, GZoomOffset_x, GZoomOffset_y);
            PntToDot(dot2, GLinLBDPnt);
            PntVPtoDP(dot2, GZoom, GZoomOffset_x, GZoomOffset_y);
            double offset_x= dot1.x -  dot2.x;
            double offset_y= dot1.y -  dot2.y;
            UpdateLin(GLinTmpNdxF, GLinTmpDatF, GLinNdx, offset_x, offset_y);
            GLinNdx = -1;
            GLinMMOffsetX= 0;
            GLinMMOffsetY= 0;
            GLinChanged= true;
        }
    }
break;
```

• 调试运行程序。参照前面练习的操作说明,在图形缩放状态下进行点、线的编辑操作,体验不同之处。

练习 20　连接线

1. 练习内容(反复练习下列内容,达到练习目标)

(1)复习查找最近线的函数。
(2)学会把选定的线所有坐标重新保存在某个临时容器中。
(3)学会判断两条选定线连接的几种方式。
(4)复习线文件读写方法。

2. 练习目标(实习结束时请在达到的目标前打勾"√")

(1)已掌握选定线的函数。
(2)已掌握判断两条选定线连接的几种方式。
(3)已掌握线上点的重新存储方式。
(4)已掌握线的文件读写。

3. 操作说明及要求

(1)该功能实现连接窗口中指定的两条折线。
(2)执行"连接线"功能时,点击鼠标左键,选中需要连接的第一条折线,再次点击鼠标左键,选择第二条折线进行连接;在连接时将两条折线相离最近的端点进行连接,最终成为一条折线。

4. 实现过程说明

该功能的实现需要修改下列三个消息响应函数。
(1)修改"线编辑"→"连接线"菜单命令处理函数 OnLineLink,在函数中设置相应的操作状态。
(2)修改鼠标左键按下的消息响应函数 OnLButtonDown,在该函数中添加针对连接线操作状态的代码,实现如下流程:将鼠标点击位置的窗口坐标转换为数据坐标;找到临时文件中的折线,并且记录线的条数。
(3)修改鼠标左键弹起消息响应函数 OnLButtonUp,在该函数中添加针对连接线操作状态的代码,实现如下流程:
• 判断线的数目,如果是第一条,那么使用数据坐标系转窗口坐标系的函数在这条线的两端画圈标记这条线,接着选择第二条折线;如果是第二条线,那么将两条折线中距离最近的端点连接。
• 将两条线的点数据按照顺序写入临时文件的末尾。
• 改变第一条折线的点索引数据,指向最新的位置,修改第二条折线的点数目为 0,并且设置为删除状态。

· 重新绘制窗口。

为了实现上述流程,需要另外编写修改线索引数据函数 AlterStartLin、AlterEndLin 和修改线点数据函数 AlterLindot。

5. 上机指南

(1)打开 Visual Studio2019,在练习 19 的基础上进行操作。

(2)添加全局变量。在 MapEditorView. cpp 中添加与连接线相关的全局变量如下：

```
///- - - - - - - - - - - - - 与连接线相关- - - - - - - - - - - - - ///
LIN_NDX_STRU GStartLin= GLin; //选中的第一条线
int         GnStart = -1;
LIN_NDX_STRU GEndLin= GLin;   //选中的第二条线
int         GnEnd = -1;
int         GnLine=0;
```

(3)添加修改线索引数据的代码。

· 打开"WriteOrRead. h"文件,添加函数声明：

```
/* 修改第一条线索引的函数声明* /
void AlterStartLin(CFile*  LinTmpNdxF, long subdatOff, int nLine, int subNum);
/* 修改第二条线索引的函数声明* /
void AlterEndLin(CFile*  LinTmpNdxF, int nLine);
```

· 打开"WriteOrRead. cpp"文件,添加函数定义：

```
/* 修改第一条线索引* /
void AlterStartLin(CFile*  LinTmpNdxF, long subdatOff, int nLine, int subNum)
{
  LIN_NDX_STRU LinNdx;
  LinTmpNdxF- > Seek(nLine *  sizeof(LIN_NDX_STRU), CFile::begin);
  LinTmpNdxF- > Read(&LinNdx, sizeof(LIN_NDX_STRU));
  LinNdx.datOff= subdatOff;//更新线的点索引
  LinNdx.dotNum= subNum;//更新线的点数目
  LinTmpNdxF- > Seek(nLine *  sizeof(LIN_NDX_STRU), CFile::begin);
  LinTmpNdxF- > Write(&LinNdx, sizeof(LIN_NDX_STRU));
}
/* 修改第二条线索引* /
void AlterEndLin(CFile*  LinTmpNdxF, int nLine)
{
  LIN_NDX_STRU linNdx;
  LinTmpNdxF- > Seek(nLine *  sizeof(LIN_NDX_STRU), CFile::begin);
  LinTmpNdxF- > Read(&linNdx, sizeof(LIN_NDX_STRU));
  linNdx.dotNum=0;//线的点数为 0
```

```
    linNdx.isDel=0;//设置删除标记
    LinTmpNdxF- > Seek(nLine * sizeof(LIN_NDX_STRU), CFile::begin);
    LinTmpNdxF- > Write(&linNdx, sizeof(LIN_NDX_STRU));
}
```

(4)添加修改线点数据代码。

- 打开"Calculate. h"文件,添加函数声明:

```
/* 改变线的点数据的函数声明*/
void AlterLindot (CFile* LinTmpDatF, LIN_NDX_STRU startLine, LIN_NDX_STRU end-
Line, int start, int end, long allDataOff);
```

- 打开"Calculate. cpp"文件,添加函数定义:

```
/* 改变线的点数据*/
void AlterLindot (CFile* LinTmpDatF, LIN_NDX_STRU startLine, LIN_NDX_STRU end-
Line, int start, int end, long allDataOff)
{
  D_DOT pt1, pt2, pt3, pt4, point;
  int ndot=0;
  //分别从临时文件中读取两条线的端点数据
  ReadTempFileToLinDat (LinTmpDatF, startLine.datOff, 0, pt1);
  ReadTempFileToLinDat (LinTmpDatF, startLine.datOff, startLine.dotNum - 1, pt2);
  ReadTempFileToLinDat (LinTmpDatF, endLine.datOff, 0, pt3);
  ReadTempFileToLinDat (LinTmpDatF, endLine.datOff, endLine.dotNum - 1, pt4);
  double d1= min(Distance(pt1.x, pt1.y, pt3.x, pt3.y), Distance(pt1.x, pt1.y, pt4.
x, pt4.y));//第一条线起点到第二条线端点的最短距离
  double d2= min(Distance(pt2.x, pt2.y, pt3.x, pt3.y), Distance(pt2.x, pt2.y, pt4.
x, pt4.y));//第一条线终点到第二条线端点的最短距离
  if (d1 < d2)//第一条线的起点与第二条线连接
  {
    if (Distance(pt1.x, pt1.y, pt3.x, pt3.y) < Distance(pt1.x, pt1.y, pt4.x, pt4.
y))
    {
      //第一条线的起点与第二条线连接
      for (int i= endLine.dotNum - 1; i > = 0; - - i)
      {
        //反向读取第二条线的节点并依次写入文件中
        ReadTempFileToLinDat (LinTmpDatF, endLine.datOff, i, point);
        WriteLinDatToFile (LinTmpDatF, allDataOff, ndot, point);
        ndot+ + ;
      }
      for (int i=0; i < startLine.dotNum; + + i)
      {
```

```
            //正向读取第一条线的节点并依次写入文件中
            ReadTempFileToLinDat(LinTmpDatF, startLine.datOff, i, point);
            WriteLinDatToFile(LinTmpDatF, allDataOff, ndot, point);
            ndot++ ;
        }
    }
    else
    {
        //第一条线起点与第二条线终点连接
        for (int i=0; i < endLine.dotNum; ++i)
        {
            //正向读取第二条线的节点并依次写入文件中
            ReadTempFileToLinDat(LinTmpDatF, endLine.datOff, i, point);
            WriteLinDatToFile(LinTmpDatF, allDataOff, ndot, point);
            ndot++ ;
        }
        for (int i=0; i < startLine.dotNum; ++i)
        {
            //正向读取第一条线的节点并依次写入文件中
            ReadTempFileToLinDat(LinTmpDatF, startLine.datOff, i, point);
            WriteLinDatToFile(LinTmpDatF, allDataOff, ndot, point);
            ndot++ ;
        }
    }
}
else//第一条线的终点与第二条线连接
{
    if (Distance(pt2.x, pt2.y, pt3.x, pt3.y) < Distance(pt2.x, pt2.y, pt4.x, pt4.y))
    {
        //第一条线终点与第二条线起点连接
        for (int i=0; i < startLine.dotNum; ++i)
        {
            //正向读取第一条线的节点并写入文件中
            ReadTempFileToLinDat(LinTmpDatF, startLine.datOff, i, point);
            WriteLinDatToFile(LinTmpDatF, allDataOff, ndot, point);
            ndot++ ;
        }
        for (int i=0; i < endLine.dotNum; ++i)
        {
```

```
        //正向读取第二条线的节点并写入文件中
        ReadTempFileToLinDat(LinTmpDatF, endLine.datOff, i, point);
        WriteLinDatToFile(LinTmpDatF, allDataOff, ndot, point);
        ndot+ + ;
      }
    }
    else
    {
      //第一条线终点与第二条线终点连接
      for (int i=0; i <  startLine.dotNum; + + i)
      {
        //正向读取第一条线的节点并写入文件中
        ReadTempFileToLinDat(LinTmpDatF, startLine.datOff, i, point);
        WriteLinDatToFile(LinTmpDatF, allDataOff, ndot, point);
        ndot+ + ;
      }
      for (int i= endLine.dotNum -  1; i > =  0; - - i)
      {
        //反向读取第二条线的节点并写入文件中
        ReadTempFileToLinDat(LinTmpDatF, endLine.datOff, i, point);
        WriteLinDatToFile(LinTmpDatF, allDataOff, ndot, point);
        ndot+ + ;
      }
    }
  }
  ndot=0;
}
```

(5)添加菜单"连接线"消息响应。在"OnLineLink()"函数中添加代码：

```
if (GLinFCreated)
{
  GCurOperState= OPERSTATE_LINK_LIN;//设置为连接线操作状态
}
else
{
  MessageBox(L"TempFile have not been created.", L"Message", MB_OK);
}
```

(6)添加鼠标左键弹起消息响应。在"OnLButtonUp"函数的线编辑相关的 switch 代码块中添加如下代码：

```
case OPERSTATE_LINK_LIN://当前为连接线操作状态
  if (GnLine <  2)
```

```
{
  LIN_NDX_STRU line;
  D_DOT dot;
  PntToDot(dot, point);
  PntVPtoDP(dot,GZoom, GZoomOffset_x, GZoomOffset_y);//坐标系转换
  DotToPnt(point, dot);
  //查找鼠标点位置最近的线
  line= FindLin(GLinTmpNdxF, GLinTmpDatF, point, GLinNum, GLinNdx);
  if (GLinNdx ! = -1)
  {
    GnLine+ + ;
    if (GnLine = = 1)//选中第一条线
    {
      GStartLin= line;
      GnStart= GLinNdx;
    }
    else if (GnLine = = 2)//选中第二条线
    {
      if (GnStart ! = GLinNdx)
      {
        GEndLin= line;
        GnEnd= GLinNdx;
      }
      else
        GnLine- - ;
    }
  }
  if (GnLine ! = 0)
  {
    D_DOT pt;
    if (GnLine = = 1)//选中第一条线,其端点画圆圈标记
    {
      //从临时文件中读取线的起点并将其转为窗口坐标,画圆
      ReadTempFileToLinDat(GLinTmpDatF, GStartLin.datOff, 0, pt);
      PntDPtoVP(pt, GZoom, GZoomOffset_x, GZoomOffset_y);
      dc.Ellipse((long)pt.x - 2, (long)pt.y - 2, (long)pt.x + 2, (long)pt.y +
2);
      //从临时文件中读取线的终点并将其转为窗口坐标,画圆
      ReadTempFileToLinDat(GLinTmpDatF, GStartLin.datOff,GStartLin.dotNum- 1,
pt);
```

```
        PntDPtoVP(pt, GZoom, GZoomOffset_x, GZoomOffset_y);

        dc.Ellipse((long)pt.x - 2, (long)pt.y - 2, (long)pt.x + 2, (long)pt.y + 2);

    }

    else//选中第二条线,连接线

    {

        AlterLindot(GLinTmpDatF, GStartLin, GEndLin, GnStart, GnEnd, GLin.dat-
Off);//改变线的点数据,即将连接线的点写入文件中

        AlterStartLin(GLinTmpNdxF, GLin.datOff, GnStart, GStartLin.dotNum +
GEndLin.dotNum);//修改第一条线索引

        AlterEndLin(GLinTmpNdxF, GnEnd);//修改第二条线索引

        GLin.datOff += (GStartLin.dotNum + GEndLin.dotNum) * sizeof(D_DOT);//连
接线索引

        GnLine=0;

        GLinLNum- - ;

        GLinChanged= true;

        GnStart = -1;

        GnEnd = -1;

        GLinNdx = -1;

        this- > Invalidate();

    }

  }

}

break;
```

(7)调试运行程序。在程序中进行连接线操作:单击"线编辑"→"连接线",然后在窗口屏幕上线数据的位置单击鼠标左键,选中最近的线作为第一条线,如图 3.20.1 所示;接着在窗口屏幕上单击左键选中最近的线作为第二条线,与第一条线连接,如图 3.20.2 所示。

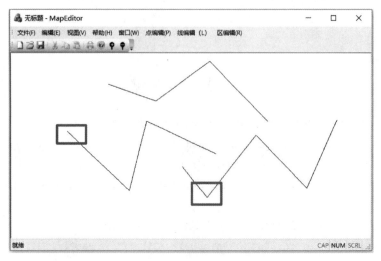

图 3.20.1　选中第一条线

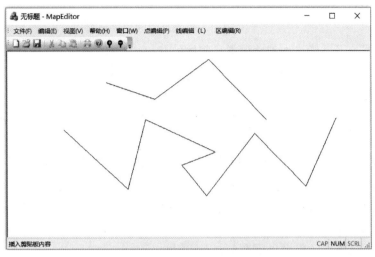

图 3.20.2　选中第二条线连接

练习 21　造区

1. 练习内容(反复练习下列内容,达到练习目标)

(1)理解简单区的含义、区的点数据和索引数据的区别。

(2)创建"区"结构,记录简单区的坐标点。

(3)学习简单区的数据结构定义,多区数组的定义,以及内存分配。

(4)练习画区的绘图函数。

(5)练习在临时文件中保存新的区的相关数据。

2. 练习目标(实习结束时请在达到的目标前打勾"√")

(1)已掌握区索引数据结构和点结构。

(2)已掌握画区的绘图函数。

(3)已学会如何把区数据存储在临时索引文件和临时数据文件中。

(4)已掌握更新区数据的方法。

3. 操作说明及要求

(1)该功能实现在视图窗口中添加区。

(2)执行"造区"功能时,点击鼠标左键,确定区的节点,拖动鼠标制作出区,点击鼠标右键则结束本次造区。

(3)将鼠标右键点击前的一个节点作为区的结束点,如果区的点数少于 3 个则取消这次的造区操作。

4. 实现过程说明

该功能的实现需要修改下列 4 个消息响应函数。

(1)修改"区编辑"→"造区"菜单命令处理函数 OnRegionCreate,在该函数中添加相应的操作状态。

(2)修改鼠标左键弹起消息响应函数 OnLButtonUp,在函数中添加针对造区操作状态,添加区的节点并且保存这个节点。

(3)修改鼠标移动消息响应函数 OnMouseMove,在该函数中添加相应的操作状态,绘制跟随鼠标移动的区。

(4)修改鼠标右键点击消息响应函数 OnRButtonUp,在函数中添加相应的操作状态,结束造区,并保存区的相关数据。

为了实现上述流程还需做以下准备:

(1)定义区结构。

(2)编写向临时文件中写入区索引的函数 WriteRegNdxToFile、写入区数据的函数 WriteRegDatToFile、读取区索引的函数 ReadTempFileToRegNdx、读取区数据的函数 ReadTempFileToRegDat。

(3)编写显示所有区的函数 ShowAllReg,以及绘制区的函数 DrawReg。

5. 上机指南

(1)打开 Visual Studio2019,在练习 20 的成果下进行操作。

(2)定义区结构。在"MyDataType. h"中的宏定义内添加定义区索引结构的语句:

```
typedef struct {
    char isDel;//是否被删除
    COLORREF color;//区颜色
    int pattern;//图案(号)
    long dotNum;//边界节点数
    long datOff;//边界节点数据存储位置
}REG_NDX_STRU;
```

(3)添加向临时文件中写入数据和读取数据的代码。

· 打开"WriteOrRead. h"文件,添加函数声明:

```
//向临时文件中写入区索引的函数声明
void WriteRegNdxToFile(CFile* RegTmpNdxF, int i, REG_NDX_STRU Region);
//向临时文件中写入区的节点数据的函数声明
void WriteRegDatToFile(CFile* RegTmpDatF, long datOff, int i, D_DOT point);
//从临时文件中读取区索引的函数声明
void ReadTempFileToRegNdx(CFile* RegTmpNdxF, int i, REG_NDX_STRU& RegNdx);
//从临时文件中读取区的节点数据的函数声明
void ReadTempFileToRegDat(CFile* RegTmpDatF, long datOff, int i, D_DOT& Pnt);
```

- 打开"WriteOrRead. cpp"文件，添加函数定义：

```
/* 向临时文件中写入区索引* /
void WriteRegNdxToFile(CFile* RegTmpNdxF, int i, REG_NDX_STRU Region)
{
    RegTmpNdxF- > Seek(i * sizeof(REG_NDX_STRU), CFile::begin);
    RegTmpNdxF- > Write(&Region, sizeof(REG_NDX_STRU));
}
/* 向临时文件中写入区的节点数据* /
void WriteRegDatToFile(CFile* RegTmpDatF, long datOff, int i, D_DOT point)
{
    RegTmpDatF- > Seek(datOff + i * sizeof(D_DOT), CFile::begin);
    RegTmpDatF- > Write(&point, sizeof(D_DOT));
}
/* 从临时文件中读取区索引* /
void ReadTempFileToRegNdx(CFile* RegTmpNdxF, int i, REG_NDX_STRU& RegNdx)
{
  RegTmpNdxF- > Seek(i * sizeof(REG_NDX_STRU), CFile::begin);
  RegTmpNdxF- > Read(&RegNdx, sizeof(REG_NDX_STRU));
}
/* 从临时文件中读取区的节点数据* /
void ReadTempFileToRegDat(CFile* RegTmpDatF, long datOff, int i, D_DOT& Pnt)
{
  RegTmpDatF- > Seek(datOff + i * sizeof(D_DOT), CFile::begin);
  RegTmpDatF- > Read(&Pnt, sizeof(D_DOT));
}
```

(4)添加显示区代码。

- 打开"Paint. h"文件，添加函数声明：

```
//显示区的函数声明
void ShowAllReg(CClientDC* dc, CFile* RegTmpNdxF, CFile* RegTmpDatF, int Reg-
Num, double zoomOffset_x, double zoomOffset_y, double zoom, char isDel);
//绘制区(造区)的函数声明
void DrawReg(CClientDC* dc, REG_NDX_STRU Region, POINT* pt, long nPnt);
```

- 打开"Paint. cpp"文件，向其中添加函数定义：

```
/* 显示区* /
void ShowAllReg(CClientDC* dc, CFile* RegTmpNdxF, CFile * RegTmpDatF, int RegNum,
double zoomOffset_x, double zoomOffset_y, double zoom, char isDel)
{
    REG_NDX_STRU Region;
    D_DOT pt;
    for (int i=0; i < RegNum; + + i)
```

```
        {
          ReadTempFileToRegNdx(RegTmpNdxF, i, Region);//从临时文件读区索引
          D_DOT*  dot;
          dot= (D_DOT* )malloc(Region.dotNum* sizeof(D_DOT));
          ZeroMemory(dot, Region.dotNum * sizeof(D_DOT));
          for (int j=0; j < Region.dotNum; + + j)
          {
            //依次从临时文件中读取区的节点数据并将其转为窗口坐标
            ReadTempFileToRegDat(RegTmpDatF, Region.datOff, j, pt);
            PntDPtoVP(pt, zoom, zoomOffset_x, zoomOffset_y);
            dot[j]= pt;
          }
          if (Region.isDel = = isDel)
          {
            POINT*  point= new POINT[Region.dotNum];
            DotToPnt(point, dot, Region.dotNum);
            DrawReg(dc, Region, point, Region.dotNum);//绘制区
            delete[] point;
          }
          free(dot);
        }
    }
/* 绘制区* /
void DrawReg(CClientDC*  dc, REG_NDX_STRU Region, POINT*  pt, long nPnt)
{
    CBrush brush(Region. color);
    CPen pen(PS_SOLID, 1, Region.color);
    CObject* oldObject;
    oldObject= dc- > SelectObject(&pen);
    switch (Region.pattern)
    {
    case 0://实心
      oldObject= dc- > SelectObject(&brush);
      break;
    case 1://空心
      dc- > SelectStockObject(NULL_BRUSH);
      break;
    default:
      break;
    }
```

```
dc- > Polygon(pt, nPnt);
dc- > SelectObject(&oldObject);
}
```

（5）添加全局变量。在"MapEditorView. cpp"中添加全局变量：

```
///- - - - - - - - - - - - - 造区过程相关的点数据- - - - - - - - - ///
CPoint GRegCreateMMPnt(- 1, - 1);//鼠标移动前一状态点
CPoint GRegCreateStartPnt(- 1, - 1);//造区的起点
///- - - - - - - - 默认区索引结构、临时索引结构及其相关- - - - - - - - - ///
REG_NDX_STRU GReg= { GReg.isDel=0,GReg.color= RGB(0,0,0),GReg.pattern=0,GReg.
dotNum=0,GReg.datOff=0 };
REG_NDX_STRU GTReg;
```

（6）添加菜单"造区"消息响应函数，在"OnRegionCreate()"函数中添加如下代码：

```
if (GRegFCreated)
{
  GCurOperState= OPERSTATE_INPUT_REG;//当前设置为造区操作状态
}
else
{
  MessageBox(L"TempFile have not been created.", L"Message", MB_OK);
}
```

（7）修改鼠标左键弹起的消息响应函数。在函数"OnLButtonUp"中添加如下代码：

```
if (GRegFCreated)
{
  D_DOT dot;
  switch (GCurOperState)
  {
  case OPERSTATE_INPUT_REG://当前为造区操作状态
    if (GTReg.dotNum = = 0)
      memcpy_s(&GTReg, sizeof(REG_NDX_STRU), &GReg, sizeof(REG_NDX_STRU));
    if (GRegCreateStartPnt.x = = -1 && GRegCreateStartPnt.y = = -1)
      GRegCreateStartPnt= point;
    if (GRegCreateMMPnt.x = = -1 && GRegCreateMMPnt.y = = -1)
      GRegCreateMMPnt= point;
    PntToDot(dot, point);
    PntVPtoDP(dot, GZoom, GZoomOffset_x, GZoomOffset_y);//窗口转数据
    WriteRegDatToFile(GRegTmpDatF, GReg.datOff, GTReg.dotNum, dot);
    //将区的点数据写入文件
    + + GTReg.dotNum;//区节点数加 1
    if (GTReg.dotNum = = 2)
```

```
        this- > Invalidate();//区节点数少于 3 个则取消造区操作
      GRegChanged= true;
      break;
  }
}
```

(8)修改鼠标移动消息响应函数。在"OnMouseMove"函数中添加如下代码：

```
if (GRegFCreated)
{
  switch (GCurOperState)
  {
  case OPERSTATE_INPUT_REG://当前为造区操作状态
    if (GRegCreateMMPnt.x ! = -1 && GRegCreateMMPnt.y ! = -1)
    {
      CClientDC dc(this);
      dc.SetROP2(R2_NOTXORPEN);
      LIN_NDX_STRU tln= { tln.pattern= GTReg.pattern,tln.color= GTReg.color };//
设置区参数
      if (GTReg.dotNum = = 1)
      {
        DrawSeg(&dc, tln, GRegCreateStartPnt, GRegCreateMMPnt);
        DrawSeg(&dc, tln, GRegCreateStartPnt, point);
      }
      else
      {
        D_DOT* dot= new D_DOT[GTReg.dotNum];
        for (int i=0; i < GTReg.dotNum; + + i)
        {
          ReadTempFileToRegDat(GRegTmpDatF, GTReg.datOff, i, dot[i]);//从临时文件
中读取区的点数据
          PntDPtoVP(dot[i], GZoom, GZoomOffset_x, GZoomOffset_y);//将区的点数据坐
标转换为窗口坐标
        }
        POINT* pnt= new POINT[GTReg.dotNum + 1];
        DotToPnt(pnt, dot, GTReg.dotNum);
        pnt[GTReg.dotNum]= GRegCreateMMPnt;
        DrawReg(&dc, GTReg, pnt, GTReg.dotNum + 1);
        pnt[GTReg.dotNum]= point;
        DrawReg(&dc, GTReg, pnt, GTReg.dotNum + 1);
        delete[] dot;
        delete[] pnt;
```

```
      }
      GRegCreateMMPnt= point;
    }
    break;
  default:
    break;
  }
}
```

(9)修改鼠标右键弹起消息响应函数。在函数"OnRButtonUp"中添加如下代码：

```
if (GRegFCreated)
{
  switch (GCurOperState)
  {
  case OPERSTATE_INPUT_REG://当前为造区操作状态
    if (GTReg.dotNum > 2)
    {
      WriteRegNdxToFile(GRegTmpNdxF, GRegNum, GTReg);
      + + GRegNum;
      + + GRegLNum;
      POINT*  pt= new POINT[3];
      D_DOT dot;
      ReadTempFileToRegDat(GRegTmpDatF, GTReg.datOff, 0, dot);
      PntDPtoVP(dot, GZoom, GZoomOffset_x, GZoomOffset_y);
      DotToPnt(pt[0], dot);
      ReadTempFileToRegDat(GRegTmpDatF, GTReg.datOff, GTReg.dotNum -  1, dot);
      PntDPtoVP(dot, GZoom, GZoomOffset_x,GZoomOffset_y);
      DotToPnt(pt[1], dot);
      pt[2]= point;
      DrawReg(&dc, GTReg, pt, 3);
      delete[] pt;
      GReg.datOff + =  (GTReg.dotNum *  sizeof(D_DOT));
      memset(&GTReg, 0, sizeof(REG_NDX_STRU));
      GRegCreateMMPnt= CPoint(- 1, - 1);
      GRegCreateStartPnt= CPoint(- 1, - 1);
    }
    else if (GTReg.dotNum = =  2)
    {
      POINT*  pt= new POINT[3];
      D_DOT dot;
      ReadTempFileToRegDat(GRegTmpDatF, GTReg.datOff, 0, dot);
```

```
        PntDPtoVP(dot, GZoom, GZoomOffset_x, GZoomOffset_y);

        DotToPnt(pt[0], dot);

        ReadTempFileToRegDat(GRegTmpDatF, GTReg.datOff, GTReg.dotNum - 1, dot);

        PntDPtoVP(dot, GZoom, GZoomOffset_x, GZoomOffset_y);

        DotToPnt(pt[1], dot);

        pt[2]= point;

        DrawReg(&dc, GTReg, pt, 3);

        delete[] pt;

        memset(&GTReg, 0, sizeof(REG_NDX_STRU));

        GRegCreateMMPnt= CPoint(- 1, - 1);

        GRegCreateStartPnt= CPoint(- 1, - 1);

    }

    else if (GTReg.dotNum = = 1)

    {

        LIN_NDX_STRU tln= { tln.pattern= GTReg.pattern,tln.color= GTReg.color };

        DrawSeg(&dc, tln, GRegCreateStartPnt, GRegCreateMMPnt);

        memset(&GTReg, 0, sizeof(REG_NDX_STRU));

        GRegCreateMMPnt= CPoint(- 1, - 1);

        GRegCreateStartPnt= CPoint(- 1, - 1);

    }

    break;

    default:

    break;

    }

}
```

(10)添加窗口显示代码。在"OnDraw"函数中添加如下代码:

```
ShowAllReg (&dc, GRegTmpNdxF, GRegTmpDatF, GRegNum, GZoomOffset_x, GZoomOffset_y,
GZoom, 0);//显示区
```

(11)调试运行程序。与造线操作类似,运行程序后,先新建临时文件(若已有则不需新建),然后单击"区编辑"→"造区",最后在空白的客户区用鼠标绘制简单区,效果如图 3.21.1所示。

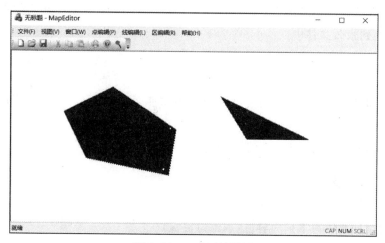

图 3.21.1　造区效果图

练习 22　文件其他功能

1. 练习内容(反复练习下列内容,达到练习目标)

(1)复习 CFileDialog 对话框的使用方法。

(2)复习 CFile 读写文件的使用方法。

(3)练习新建点、线、区的永久文件,以及文件读写的方法。

2. 练习目标(实习结束时请在达到的目标前打勾"√")

(1)已熟悉调用对话框类 CFileDialog 的使用方法。

(2)已掌握点、线、区的文件读写方法。

3. 操作说明及要求

功能一:保存区。保存区功能如下:

(1)点击"文件"→"保存区",弹出"另存为"对话框。

(2)选择文件路径,输入文件名。

(3)点击"保存"按钮,生成区的永久文件。

功能二:打开区。打开区功能如下:

(1)该功能实现打开已存在的区的永久文件。

(2)执行"打开区"文件功能时,判断区临时文件中的数据是否已修改,若已修改则提示是否需要保存,若需要则保存,否则直接进行打开指定路径下的区文件。

(3)在打开之后,视图窗口可以显示出所打开文件中存储的区图形。

功能三:另存线。该功能实现对线文件的保存,将线索引临时文件和线的点数据临时文件中的数据转存到永久文件中。

功能四：另存区。该功能实现对区文件的保存，将区索引临时文件和区的点数据临时文件中的数据转存到永久文件中。

4. 实现过程说明

（1）保存区和打开区功能类似保存线与打开线功能，请分别参照练习 13 与练习 14 进行实现。

（2）另存线和另存区功能类似另存点功能，请参照练习 7 进行实现。

练习 23   删除区

1. 练习内容（反复练习下列内容，达到练习目标）

（1）编写查找最近区的函数，通过判断点是否在区内来选中区。

（2）练习在内存中"删除区"数据，变更区的数目。

（3）练习用异或模式擦除区（即删除区）的方法。

2. 练习目标（实习结束时请在达到的目标前打勾"√"）

（1）已掌握查找最近区的函数，以及判断点是否在区内的函数。

（2）已掌握屏幕上消除区的方法（异或消除法）。

（3）已掌握如何在内存中"删除区"的数据。

（4）已掌握如何在文件中更新数据。

3. 操作说明及要求

（1）该功能实现删除视图窗口中的指定区。

（2）执行"删除区"功能时，根据鼠标左键弹起的鼠标位置落在区内的原则，选中要删除的区，并更改选中区的删除标记。

4. 实现过程说明

该功能的实现需要修改下列两个消息响应函数：

（1）修改"区编辑"→"删除区"菜单命令处理函数 OnRegionDelete，在函数中设置相应的操作状态。

（2）修改鼠标左键弹起消息响应函数 OnLButtonUp，在该函数中添加针对删除区操作状态的代码，实现如下流程：鼠标左键弹起位置坐标转换为数据坐标；从临时文件中查找最近的区，即通过判断点击位置是否在区内的原则来选中区；修改选中区的删除状态；将要删除的区用异或模式擦除。

为实现以上功能，需要添加判断点是否在区内的函数 PtInPolygon、添加查找区的函数 FindReg、更新区数据的函数 UpDateReg。

5. 上机指南

(1) 打开 Visual Studio2019,在练习 22 的成果下进行操作。

(2) 添加判断点击位置是否在区内的函数。

- 打开"Calculate. h"文件,在其中添加函数声明:

```
//判断单击位置是否在区内的函数声明
BOOL PtInPolygon(CPoint p, D_DOT* ptPolygon, int nCount);
```

- 打开"Calculate. cpp"文件,在其中添加代码:

```
/* 判断单击位置是否在区内* /
BOOL PtInPolygon(CPoint p, D_DOT* ptPolygon, int nCount)
{
  int nCross=0;
  for (int i=0; i < nCount; i+ + )
  {
    D_DOT p1= ptPolygon[i];
    D_DOT p2= ptPolygon[(i + 1) % nCount];
    //求解 y= p.y 与 p1,p2 的交点
    if (p1.y = = p2.y)       //p1p2 与 y= p0.y 平行
      continue;
    if (p.y < min(p1.y, p2.y))//交点在 p1p2 延长线上
      continue;
    if (p.y > = max(p1.y, p2.y))//交点在 p1p2 延长线上
      continue;
    //求交点的 x 坐标
    double x= (double)(p.y - p1.y)* (double)(p2.x - p1.x) / (double)(p2.y - p1.y)
+ p1.x;
    if (x > p.x)
      nCross+ + ;//只统计单边交点
  }
  //单边交点为偶数,点在多边形之外
  return(nCross % 2 = = 1);
}
```

(3) 添加查找离鼠标最近的区的函数。

- 打开"Calculate. h"文件,在其中添加函数声明代码:

```
//查找离鼠标点最近的区的函数声明
REG_NDX_STRU FindReg(CFile* RegTmpNdxF, CFile* RegTmpDatF, CPoint mousePoint,
int RegNum, int &nRegNdx);
```

- 打开"Calculate. cpp"文件,在其中添加函数定义代码:

```
/* 查找离鼠标最近的区* /
REG_NDX_STRU FindReg(CFile* RegTmpNdxF, CFile* RegTmpDatF, CPoint mousePoint,
int RegNum, int &nRegNdx)
{
  REG_NDX_STRU RegNdx, tRegNdx= {
    tRegNdx.isDel=0,
    tRegNdx.color= RGB(0,0,0),
    tRegNdx.pattern=0,
    tRegNdx.dotNum=0,
    tRegNdx.datOff=0};
  for (int i=0; i < RegNum; i+ + )
  {
    ReadTempFileToRegNdx(RegTmpNdxF, i, RegNdx);//从临时文件读区索引
    if (RegNdx.isDel = = 0)
    {
      D_DOT* pt= new D_DOT[RegNdx.dotNum];
      for (int j=0; j < RegNdx.dotNum; j+ + )
      {
        //从临时文件中读取区的点数据
        ReadTempFileToRegDat(RegTmpDatF, RegNdx.datOff, j, pt[j]);
      }
      if (PtInPolygon(mousePoint, pt, RegNdx.dotNum))//点在区内
      {
        tRegNdx= RegNdx;
        nRegNdx= i;
        delete[]pt;
        break;
      }
      else
        delete[]pt;
    }
  }
  return tRegNdx;
}
```

(4)在区的临时索引文件中更新区数据。

· 打开"WriteOrRead. h"文件,在其中添加函数声明代码:

//临时索引文件更新区数据的函数声明

```
void UpdateReg(CFile* RegTmpNdxF, int nReg, REG_NDX_STRU Region);
```

· 打开"WriteOrRead. cpp"文件,在其中添加函数定义代码:

```
/* 临时索引文件中更新区数据* /
void UpdateReg(CFile*  RegTmpNdxF, int nReg, REG_NDX_STRU Region)
{
   WriteRegNdxToFile(RegTmpNdxF, nReg, Region);
}
```

(5)修改"区编辑"→"删除区"菜单项的事件处理程序 OnRegionDelete()，在函数中添加如下代码：

```
if (GRegFCreated)
{
   GCurOperState= OPERSTATE_DELETE_REG;//设置当前为删除区操作状态
}
else
{
   MessageBox(L"TempFile have not been created.", L"Message", MB_OK);
}
```

(6)添加全局变量。在"MapEditorView.cpp"中添加全局变量。

```
int GRegNdx = -1;//找到的区位于文件中的位置
```

(7)修改鼠标左键弹起的消息响应函数。在 OnLButtonUp 函数中的 if(GRegFCreated) {...}函数体中添加如下 case 语句：

```
case OPERSTATE_DELETE_REG://当前为删除区操作状态
      PntToDot(dot, point);
      PntVPtoDP(dot, GZoom, GZoomOffset_x, GZoomOffset_y);//窗口转数据坐标
      DotToPnt(point, dot);
      FindReg(GRegTmpNdxF, GRegTmpDatF, point, GRegNum, GRegNdx);//查找区
      if (GRegNdx ! = -1)
      {
        GRegLNum- - ;
        GRegChanged= true;
        REG_NDX_STRU TmpRegNdx;
        ReadTempFileToRegNdx(GRegTmpNdxF, GRegNdx, TmpRegNdx);//从临时文件中读取区
的索引
        TmpRegNdx.isDel= 1;//设置删除标记
        UpdateReg(GRegTmpNdxF, GRegNdx, TmpRegNdx);//更新区数据
        D_DOT*  dot= new D_DOT[TmpRegNdx.dotNum];
        GRegTmpDatF- > Seek(TmpRegNdx.datOff, CFile::begin);
        GRegTmpDatF- > Read(dot, TmpRegNdx.dotNum *  sizeof(D_DOT));
        for (int i=0; i <  TmpRegNdx.dotNum; + + i)
        {
            //将删除点数据坐标转为窗口坐标
```

```
PntDPtoVP(dot[i], GZoom, GZoomOffset_x, GZoomOffset_y);
    }
POINT* pnt= new POINT[TmpRegNdx.dotNum];
DotToPnt(pnt, dot, TmpRegNdx.dotNum);
DrawReg(&dc, TmpRegNdx, pnt, TmpRegNdx.dotNum);//重绘(擦除区)
delete[]pnt;
delete[]dot;
GRegNdx = -1;
    }
break;
```

(8)调试运行程序。在程序中进行删除区操作:与删除线类似,单击"区编辑"→"删除区",然后在窗口屏幕上单击鼠标左键,即可删除鼠标单击点选中的区。

练习 24　移动区

1. 练习内容(反复练习下列内容,达到练习目标)

(1)练习移动区功能的实现。
(2)复习鼠标事件的消息机制。
(3)练习如何擦除区、绘制区的方法。
(4)练习如何在文件中更新区数据的方法。

2. 练习目标(实习结束时请在达到的目标前打勾"√")

(1)已熟悉鼠标按下、移动、弹起过程对应的消息机制。
(2)已掌握如何擦除区,画新区的过程与方法。
(3)已实现鼠标左键拖动区跟随移动的功能。
(4)已掌握如何在文件中更新区数据。

3. 操作说明及要求

(1)该功能实现移动视图窗口中的指定区。
(2)执行"移动区"功能时,按下鼠标左键选中离鼠标位置最近的区,拖动选中的区,鼠标左键弹起时更改选中区的数据。

4. 实现过程说明

该功能的实现需要修改下列 4 个消息响应函数。
(1)修改"区编辑"→"移动区"菜单命令处理函数 OnRegionMove,在函数中设置相应的操作状态。

（2）修改鼠标左键按下消息响应函数 OnLButtonDown，在该函数中添加针对移动区操作状态的代码，实现如下流程：鼠标左键弹起位置坐标转换为窗口坐标；从临时文件中查找最近的区；将鼠标位置记录为"鼠标上一位置"。

（3）修改鼠标左键拖动消息响应函数 OnMouseMove，在该函数中添加对应的代码，实现如下流程：清除相对于"鼠标上一位置"处的区；记录当前位置为"鼠标当前位置"，相对于"鼠标当前位置"重新绘制区；将鼠标当前位置记录为"鼠标上一位置"。

（4）修改鼠标左键弹起消息响应函数 OnLButtonUp，在该函数中添加对应的代码，实现如下流程：区的移动偏移量经坐标转换为窗口坐标系下的值；根据区的移动偏移量，计算和更改区上的点数据。

为了实现以上流程，还需要编写根据偏移量更新区的函数 UpdateReg。

5. 上机指南

（1）打开 Visual Studio2019，在练习 23 的成果下进行操作。

（2）添加全局变量。在"MapEditorView. cpp"中添加如下全局变量：

```
REG_NDX_STRU GRegMMTmpNdx;//记录鼠标选中的区索引
CPoint GRegLBDPnt(- 1, - 1);//记录鼠标左键按下的位置,用于计算偏移量
CPoint GRegMMPnt(- 1, - 1);//记录鼠标移动时上一状态,擦除移动时前一个区
long GRegMMOffsetX = 0;//记录鼠标移动时候的 x 轴偏移量
long GRegMMOffsetY = 0;//记录鼠标移动时候的 y 轴偏移量
```

（3）修改"区编辑"→"移动区"菜单项的事件处理程序。在事件处理程序OnRegionMove()中添加如下代码：

```
if (GRegFCreated)
{
  GCurOperState= OPERSTATE_MOVE_REG;//设置当前为移动区操作状态
}
else
{
  MessageBox(L"TempFile have not been created.", L"Message", MB_OK);
}
```

（4）添加移动区相关的修改文件函数。

· 在"WriteOrRead. h"中添加函数声明：

```
//更新区的函数声明
void UpdateReg(CFile*  RegTmpNdxF, CFile*  RegTmpDatF, int RegNdx, double offset_
x, double offset_y);
```

· 在"WriteOrRead. cpp"中添加函数实现：

```
/* 更新区* /
    void UpdateReg(CFile* RegTmpNdxF, CFile* RegTmpDatF, int RegNdx, double off-
set_x, double offset_y)
    {
      REG_NDX_STRU tReg;
      D_DOT pt;
      ReadTempFileToRegNdx(RegTmpNdxF, RegNdx, tReg);
      for (int i =0; i < tReg.dotNum; i+ + )
      {
        RegTmpDatF- > Seek(tReg.datOff + i * sizeof(D_DOT), CFile::begin);
        RegTmpDatF- > Read(&pt, sizeof(D_DOT));
        pt.x= pt.x + offset_x;
        pt.y= pt.y + offset_y;
        RegTmpDatF- > Seek(tReg.datOff + i * sizeof(D_DOT), CFile::begin);
        RegTmpDatF- > Write(&pt, sizeof(D_DOT));
      }
    }
```

(5)修改鼠标左键按下的消息响应函数。在"MapEditorView. cpp"中找到 OnLButton-
Down,在原有代码的后面添加如下代码:

```
if (GRegFCreated)
{
    switch (GCurOperState)
    {
    case OPERSTATE_MOVE_REG://当前为移动区操作状态
      GRegLBDPnt= point;
      GRegMMPnt= point;
      D_DOT dot;
      PntToDot(dot, point);
      PntVPtoDP(dot, GZoom, GZoomOffset_x, GZoomOffset_y);//窗口转数据
      DotToPnt(point, dot);
      GRegMMTmpNdx= FindReg(GRegTmpNdxF, GRegTmpDatF, point, GRegNum, GRegNdx);//
查找最近区,即点选中的区
      GRegMMOffsetX =0;
      GRegMMOffsetY =0;
      break;
    }
}
```

(6)修改鼠标移动的消息响应函数。在"MapEditorView. cpp"中找到 OnMouseMove,在
if(GRegFCreated){}语句块中添加 case 语句:

```
case OPERSTATE_MOVE_REG://当前为移动区操作状态
  if (GRegNdx ! = -1)
  {
    CClientDC dc(this);
    dc.SetROP2(R2_NOTXORPEN);//设置异或模式
    D_DOT* dot= new D_DOT[GRegMMTmpNdx.dotNum];
    //擦除原来的区
    for (int i =0; i < GRegMMTmpNdx.dotNum; i+ + )
    {
      ReadTempFileToRegDat(GRegTmpDatF, GRegMMTmpNdx.datOff, i, dot[i]);
      PntDPtoVP(dot[i], GZoom, GZoomOffset_x, GZoomOffset_y);
      dot[i].x + = GRegMMOffsetX;
      dot[i].y + = GRegMMOffsetY;
    }
    POINT* pnt= new POINT[GRegMMTmpNdx.dotNum];
    DotToPnt(pnt, dot, GRegMMTmpNdx.dotNum);
    DrawReg(&dc, GRegMMTmpNdx, pnt, GRegMMTmpNdx.dotNum);
    //计算偏移量
    GRegMMOffsetX= GRegMMOffsetX + point.x - GRegMMPnt.x;
    GRegMMOffsetY= GRegMMOffsetY + point.y - GRegMMPnt.y;
    //在新的位置绘制一个新的区
    for (int i =0; i < GRegMMTmpNdx.dotNum; i+ + )
    {
      ReadTempFileToRegDat(GRegTmpDatF, GRegMMTmpNdx.datOff, i, dot[i]);
      PntDPtoVP(dot[i], GZoom, GZoomOffset_x, GZoomOffset_y);
      dot[i].x + = GRegMMOffsetX;
      dot[i].y + = GRegMMOffsetY;
    }
    DotToPnt(pnt, dot, GRegMMTmpNdx.dotNum);
    DrawReg(&dc, GRegMMTmpNdx, pnt, GRegMMTmpNdx.dotNum);
    delete[] dot;
    delete[] pnt;
    GRegMMPnt= point;
  }
  break;
```

（7）修改鼠标左键弹起的消息响应函数。在"MapEditorView. cpp"中找到 OnLButtonUp（UINT nFlags，CPoint point），在 if（GRegFCreated）{ }语句块中添加 case 语句：

```
case OPERSTATE_MOVE_REG://当前为移动区操作状态
  if (GRegNdx ! = -1)
  {
    if (GRegLBDPnt.x ! = -1 && GRegLBDPnt.y ! = -1)
    {
      D_DOT dot1, dot2;
      PntToDot(dot1, point);
      PntVPtoDP(dot1, GZoom, GZoomOffset_x, GZoomOffset_y);
      PntToDot(dot2, GRegLBDPnt);
      PntVPtoDP(dot2, GZoom, GZoomOffset_x, GZoomOffset_y);
      double offset_x= dot1.x - dot2.x;
      double offset_y= dot1.y - dot2.y;
      UpdateReg(GRegTmpNdxF, GRegTmpDatF, GRegNdx, offset_x, offset_y);//更新区
数据
      GRegNdx = -1;
      GRegMMOffsetX =0;
      GRegMMOffsetY =0;
      GRegChanged= true;
    }
  }
  break;
```

(8)调试运行程序。在程序中进行移动区操作:单击"区编辑"→"移动区",然后在窗口屏幕上区图形的位置单击鼠标左键(选中区),按住左键移动区,放开鼠标后即可完成移动区功能。

练习 25　窗口移动

1. 练习内容(反复练习下列内容,达到练习目标)

(1)复习数据坐标系和窗口坐标系的转换关系。
(2)学习图形跟随鼠标移动的原理与方法。
(3)复习图形绘制的实现方法。

2. 练习目标(实习结束时请在达到的目标前打勾"√")

(1)已完全理解数据坐标系和窗口坐标系的转换关系。
(2)已理解图形跟随鼠标移动的原理。
(3)已掌握图形跟随鼠标移动的方法,实现窗口移动功能。
(4)巩固了图形绘制的原理与方法。

3. 操作说明及要求

(1)该功能实现移动视图窗口中绘制的所有图形。

(2)执行"窗口移动"功能时,数据坐标系与窗口坐标系间转换的偏移向量将随鼠标左键拖动的偏移量的改变而改变。

4. 实现过程说明

(1)修改"窗口"→"窗口移动"菜单命令处理函数 OnWindowMove,在函数中设置相应的操作状态。

(2)修改鼠标左键按下消息响应函数 OnLButtonDown,在该函数中添加针对移动区操作状态的代码,将鼠标位置记录为"鼠标上一位置"。

(3)修改鼠标左键拖动消息响应函数 OnMouseMove,在该函数中添加对应的代码,实现如下流程:

· 根据"当前鼠标位置"与"鼠标上一位置",计算鼠标左键拖动的当前偏移量。

· 根据鼠标左键拖动的当前偏移量修改偏移向量(GZoomOffset_x,GZoomOffset_y)其公式为:

```
GZoomOffset.x - = offset.x/GZoom;(offset 为鼠标左键拖动的当前偏移量)
GZoomOffset.y - = offset.y/GZoom;
```

· 将鼠标当前位置记录为"鼠标上一位置"。

· 使窗口重绘,重新显示所有图形。

(4)修改鼠标左键弹起消息响应函数 OnLButtonUp,在该函数中添加对应的代码,实现终止窗口移动的功能。

5. 上机指南

(1)打开 Visual Studio2019,在练习 24 的成果下进行操作。

(2)在"Mapeditorview. cpp"中添加全局变量:

```
///- - - - - - - - - - - - - 移动窗口- - - - - - - - - - - - - - ///
CPoint GWinMoveLBDPnt(-1, -1);//移动窗口时左键按下点
CPoint GWinMoveMMPnt(-1, -1);//移动窗口时鼠标移动前状态点位置
```

(3)修改"窗口"→"移动"的事件处理程序 OnWindowMove(),函数中添加如下代码:

```
if (GPntFCreated || GLinFCreated || GRegFCreated)
{
  GCurOperState= OPERSTATE_WINDOW_MOVE;//设置窗口移动时操作状态
}
else
{
  MessageBox(L"TempFile have not been created.", L"Message", MB_OK);
}
```

(4)修改鼠标左键按下的消息响应函数。在 OnLButtonDown 函数的 if（GPntFCreated || GLinFCreated || GRegFCreated){} 中添加 case 语句：

```
case OPERSTATE_WINDOW_MOVE://当前为移动操作状态
    GWinMoveLBDPnt= point;
    GWinMoveMMPnt= point;
    break;
```

(5)修改鼠标移动的消息响应函数。在 OnMouseMove 函数的 if（GPntFCreated || GLinFCreated || GRegFCreated){}中添加 case 语句：

```
case OPERSTATE_WINDOW_MOVE://当前为移动操作状态
  if (GWinMoveMMPnt.x ! = -1 && GWinMoveMMPnt.y ! = -1)
  {
    CPoint offset(0, 0);//鼠标移动偏移量
    offset.x= point.x - GWinMoveLBDPnt.x;
    offset.y= point.y - GWinMoveLBDPnt.y;
    GZoomOffset_x - = offset.x / GZoom;//变换放大与缩小时的偏移量
    GZoomOffset_y - = offset.y / GZoom;
    GWinMoveLBDPnt= point;
    this- > Invalidate();
  }
  break;
```

(6)修改鼠标左键弹起的消息响应函数。在 OnLButtonUp 函数的 if（GPntFCreated || GLinFCreated || GRegFCreated){} 中添加 case 语句：

```
case OPERSTATE_WINDOW_MOVE://当前为移动操作状态
  GWinMoveLBDPnt= CPoint(-1, -1);//复位移动窗口时左键按下点
  GWinMoveMMPnt= CPoint(-1, -1);//复位移动窗口鼠标移动前状态点位置
  break;
```

(7)调试运行程序。在程序中进行窗口移动操作：单击"窗口"→"移动"，然后在窗口屏幕上单击鼠标左键，按下鼠标左键拖动图形，松开鼠标左键即可完成视窗中图形移动的功能。

练习 26　窗口复位

1. 练习内容(反复练习下列内容,达到练习目标)

(1)复习临时文件结构,练习遍历图元的方法。
(2)复习数据坐标系与窗口坐标系的关系,练习坐标换算方法。
(3)练习根据图形外包络矩形确定显示比例及原点的方法。

2. 练习目标(实习结束时请在达到的目标前打勾"√")

(1)已完全掌握点、线、区的临时文件结构。

（2）已理解数据坐标系与窗口坐标系的关系，完全掌握坐标换算方法。

（3）已学会遍历图元的方法，掌握外包络矩形的计算方法。

（4）已掌握如何根据外包矩形计算偏移量和显示比例。

3. 操作说明及要求

（1）复位功能是实现所有的图形都显示在客户区中的功能。

（2）鼠标左键单击"窗口"→"复位"，所有的图形都显示在客户区之中。

4. 实现过程说明

实现此功能需要修改"窗口"→"复位"消息响应函数 OnWindowReset，在此函数中实现如下流程：

（1）重置偏移量和放大倍数。

（2）遍历点、线、区的点数据，计算外包络矩形。

（3）根据外包络矩形计算偏移量和放大倍数。

（4）根据新的偏移量和放大系数重绘客户区。

5. 上机指南

（1）启动 Visual Studio2019，在练习 25 的成果下进行操作。

（2）添加全局变量，保存外包络矩形的顶点。在"MapEditorView. cpp"中添加如下全局变量：

```
//外包矩形的顶点坐标
double GMaxX = 0;
double GMaxY = 0;
double GMinX = 0;
double GMinY = 0;
```

（3）修改"窗口"→"复位"菜单项的消息响应函数 OnWindowReset()，实现复位功能。打开 MapEditorView. cpp，在 OnWindowReset() 中添加如下代码：

```
//重置偏移量和放大倍数
GZoomOffset_x = 0;//偏移向量 x
GZoomOffset_y = 0;//偏移向量 y
GZoom= 1.0;//放大倍数
//遍历点、线、区的点数据,计算外包络图形
D_DOT tempPt;
PNT_STRU tempPnt;
LIN_NDX_STRU tempLin;
REG_NDX_STRU tempReg;
bool isInit= false;
//没有图形
```

```
if (GPntLNum = =0 && GLinLNum = =0 && GRegLNum = =0)
  return;
//初始化外包图形
if (isInit = = false && GPntLNum > 0)//初始化点的外包图形
{
  for (int i =0; i < GPntNum; + + i)
  {
    ReadTempFileToPnt(GPntTmpF, i, tempPnt);//从临时文件中读取点
    if (tempPnt.isDel)
      continue;
    else
    {
      GMaxX= tempPnt.x;
      GMinX= tempPnt.x;
      GMaxY= tempPnt.y;
      GMinY= tempPnt.y;
      isInit= true;
      break;
    }
  }
}
if (isInit = = false && GLinLNum > 0)//初始化线的外包络矩形
{
  for (int i =0; i < GLinNum; + + i)
  {
    ReadTempFileToLinNdx(GLinTmpNdxF, i, tempLin);//从临时文件读取线索引
    if (tempLin.isDel)
      continue;
    else
    {
      for (int j =0; j < tempLin.dotNum; + + j)
      {
        ReadTempFileToLinDat(GLinTmpDatF, tempLin.datOff, j, tempPt);
        GMaxX= tempPt.x;
        GMinX= tempPt.x;
        GMaxY= tempPt.y;
        GMinY= tempPt.y;
        isInit= true;
        break;
      }
```

```
      }
    }
  }
  if (isInit = =  false && GRegLNum >  0)//初始化区的外包络矩形
  {
    for (int i =0; i <  GRegNum; + + i)
    {
      ReadTempFileToRegNdx(GRegTmpNdxF, i, tempReg);//从临时文件读取区索引
      if (tempReg.isDel)
        continue;
      else
      {
        for (int j =0; j < tempReg.dotNum; + + j)
        {
          ReadTempFileToRegDat(GRegTmpDatF, tempReg.datOff, j, tempPt);
          GMaxX= tempPt.x;
          GMinX= tempPt.x;
          GMaxY= tempPt.y;
          GMinY= tempPt.y;
          isInit= true;
          break;
        }
      }
    }
  }
  //未能初始化
  if (isInit = = false)
  {
    this- > Invalidate();
    return;
  }
  //遍历所有点
  if (GPntFCreated)
  {
    for (int i =0; i <  GPntNum; + + i)
    {
      ReadTempFileToPnt(GPntTmpF, i, tempPnt);
      if (tempPnt.isDel)
        continue;
      else {
```

```
        if (tempPnt.x >  GMaxX)
          GMaxX= tempPnt.x;
        if (tempPnt.y >  GMaxY)
          GMaxY= tempPnt.y;
        if (tempPnt.x <  GMinX)
          GMinX= tempPnt.x;
        if (tempPnt.y <  GMinY)
          GMinY= tempPnt.y;
      }
    }
}
//遍历所有线
if (GLinFCreated) {
  for (int i =0; i <  GLinNum; + + i)
  {
    ReadTempFileToLinNdx(GLinTmpNdxF, i, tempLin);
    if (tempLin.isDel)
      continue;
    else {
      for (int j =0; j <  tempLin.dotNum; + + j)
      {
        ReadTempFileToLinDat(GLinTmpDatF, tempLin.datOff, j, tempPt);
        if (tempPt.x >  GMaxX)
          GMaxX= tempPt.x;
        if (tempPt.y >  GMaxY)
          GMaxY= tempPt.y;
        if (tempPt.x <  GMinX)
          GMinX= tempPt.x;
        if (tempPt.y <  GMinY)
          GMinY= tempPt.y;
      }
    }
  }
  //遍历所有区
  if (GRegFCreated)
  {
    for (int i =0; i <  GRegNum; + + i)
    {
      ReadTempFileToRegNdx(GRegTmpNdxF, i, tempReg);
```

```
      if (tempReg.isDel)
        continue;
      else {
        for (int j =0; j <  tempReg.dotNum; + + j)
        {
          ReadTempFileToRegDat(GRegTmpDatF, tempReg.datOff, j, tempPt);
          if (tempPt.x >  GMaxX)
            GMaxX= tempPt.x;
          if (tempPt.y >  GMaxY)
            GMaxY= tempPt.y;
          if (tempPt.x <  GMinX)
            GMinX= tempPt.x;
          if (tempPt.y <  GMinY)
            GMinY= tempPt.y;
        }
      }
    }
}
GMaxX + =  20;
GMinX - =  20;
GMaxY + =  20;
GMinY - =  20;
RECT rect, client;
double zoom;
GetClientRect(&client);
rect.right= (long)GMaxX;
rect.left= (long)GMinX;
rect.bottom= (long)GMaxY;
rect.top= (long)GMinY;
modulusZoom(client, rect, zoom);
GMaxX + =  20 / zoom;
GMinX - =  20 / zoom;
GMaxY + =  20 / zoom;
GMinY - =  20 / zoom;
rect.right= (long)GMaxX;
rect.left= (long)GMinX;
rect.bottom= (long)GMaxY;
rect.top= (long)GMinY;
//根据外包络矩形计算的偏移量和放大倍数,并重绘客户区
modulusZoom(client, rect, zoom);
```

```
   double x0= GetCenter(rect).x - (client.right / 2.0) + (client.right* (zoom - 1)
/ (2.0* zoom));
   double y0= GetCenter(rect).y - (client.bottom / 2.0) + (client.bottom* (zoom -
1) / (2.0* zoom));
   GZoomOffset_x + = (x0 / GZoom);
   GZoomOffset_y + = (y0 / GZoom);
   GZoom * = zoom;
   GCurOperState= Noaction;
   this- > Invalidate();
```

(4)调试运行程序。在程序中进行窗口复位操作:在程序中缩放图形后,单击"窗口"→
"复位",即可在视窗中完成图形的复位功能。

练习 27 窗口其他功能实现(显示点、显示线、显示区)

1. 练习内容(反复练习下列内容,达到练习目标)

(1)练习菜单选中与取消的状态控制的事件处理机制。

(2)学习显示状态控制的原理、方法、作用。

(3)练习刷新窗口的方法。

2. 练习目标(实习结束时请在达到的目标前打勾"√")

(1)已理解显示状态控制的原理与作用。

(2)已理解重构点、线、区编辑的相关功能的目的和作用。

(3)已掌握菜单是否选中的状态控制的事件处理机制与方法。

(4)已掌握显示状态控制的实现方法。

(5)已掌握刷新窗口的方法。

3. 操作说明及要求

(1)选中"窗口"→"显示点",显示未删除的点;取消选中"窗口"→"显示点",不显示点。

(2)选中"窗口"→"显示线",显示未删除的线;取消选中"窗口"→"显示线",不显示线。

(3)选中"窗口"→"显示区",显示未删除的区;取消选中"窗口"→"显示区",不显示区。

4. 实现过程说明

修改"窗口"→"显示点""显示线""显示区"的事件处理程序,设置显示状态和点、线、区的
显示标记,执行以下流程:

(1)防止"显示删除数据"转换到"显示未删除数据"时的显示错误。若当前显示状态是
"显示删除数据"的状态,则将点、线、区的显示标记设置为 false。

(2)将显示状态设置为"显示未删除数据"的状态。

（3）实现是否显示指定类型的未删除数据。若对应菜单项的点、线、区的显示标记为 true,则将显示标记设置为 false,否则设置为 true。

（4）刷新窗口。

为了实现上述流程,需为上述菜单项添加 UPDATE_COMMAND_UI 类型的事件处理程序,设置菜单项是否被选中。

除此之外,还需为前面的练习添加显示状态的控制,即重构"点编辑""线编辑""区编辑""窗口复位"功能。

5.上机指南

（1）打开 Visual Studio2019,在练习 26 的成果下进行操作。

（2）添加操作状态。在"MapEditorView. cpp"中添加与显示状态相关的全局变量:

```
enum State{SHOWSTATE_UNDEL, SHOWSTATE_DEL};//枚举显示类型
State GCurShowState= SHOWSTATE_UNDEL;//显示状态,默认为显示非删除状态
bool GShowPnt= true;//当前显示的结构是否为点
bool GShowLin= true;//当前显示的结构是否为线
bool GShowReg= true;//当前显示的结构是否为区
```

（3）修改"窗口"→"显示点"菜单项的事件处理程序。在"MapEditorView. cpp"中找到 OnWindowShowPoint(),在函数体中添加如下代码:

```
//若当前显示状态中显示的是删除状态,则先把所有显示开关关闭
if (GCurShowState = = SHOWSTATE_DEL)
{
  GShowPnt= false;
  GShowLin= false;
  GShowReg= false;
}
GCurShowState= SHOWSTATE_UNDEL;//将显示状态更改为未删除状态
//若当前已"显示点",则将关闭开关,不再"显示点"
if (GShowPnt = = true)
  GShowPnt= false;
else
  GShowPnt= true;
this- > InvalidateRect(NULL);//刷新窗口
```

（4）为"窗口"→"显示点"菜单添加 UPDATE_COMMAND_UI 类型的事件处理程序。

· 参照练习 4 中(6)的方法,为"窗口"→"显示点"菜单项添加 UPDATE_COMMAND_UI 类型的事件处理程序,如图 3.27.1 所示。

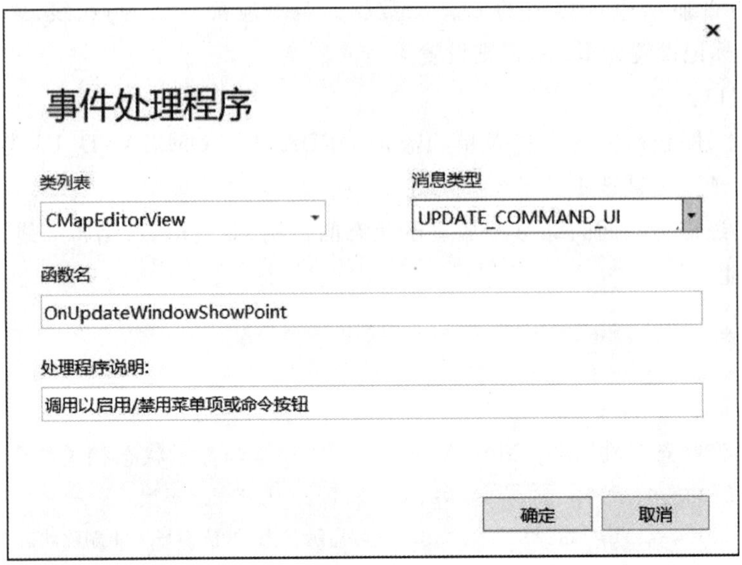

图 3.27.1 添加 UPDATE_COMMAND_UI 类型的事件处理程序

· 在 UPDATE_COMMAND_UI 事件处理函数体中添加如下代码:

```
//显示状态显示的是未删除状态,并且显示点,则将菜单标记选中
if (GCurShowState = = SHOWSTATE_UNDEL && GShowPnt = = true)
  pCmdUI- > SetCheck(1);//菜单选中标记
else
  pCmdUI- > SetCheck(0);
```

(5)按照(3)(4)的方法,分别修改"窗口"→"显示线""显示区"菜单项的事件处理程序和添加"窗口"→"显示线""显示区"菜单项 UPDATE_COMMAND_UI 类型的事件处理程序。实现代码略,仿照(3)(4)。

(6)修改 OnDraw()函数。在"MapEditorView.cpp"中找到 OnDraw(),将原有的代码:

```
ShowAllPnt(&dc, GPntTmpF, GPntNum, GZoomOffset_x, GZoomOffset_y, GZoom, 0);//绘制
显示所有点
ShowAllLin(&dc, GLinTmpNdxF, GLinTmpDatF, GLinNum, GZoomOffset_x, GZoomOffset_y,
GZoom, 0);//绘制显示所有线
ShowAllReg(&dc, GRegTmpNdxF, GRegTmpDatF, GRegNum, GZoomOffset_x, GZoomOffset_y,
GZoom, 0);//绘制显示所有区
```

替换为:

```
if (GShowPnt)
    ShowAllPnt(&dc, GPntTmpF, GPntNum, GZoomOffset_x, GZoomOffset_y, GZoom, 0);//
绘制显示所有点
if (GShowLin)
    ShowAllLin(&dc, GLinTmpNdxF, GLinTmpDatF, GLinNum, GZoomOffset_x, GZoomOffset
_y, GZoom, 0); //绘制显示所有线
```

```
if (GShowReg)
    ShowAllReg(&dc, GRegTmpNdxF, GRegTmpDatF, GRegNum, GZoomOffset_x, GZoomOffset
_y, GZoom, 0);//绘制显示所有区
```

（7）修改"点编辑"菜单项下的"造点""删除点"和"移动点"菜单项的事件处理程序。在"MapEditorView. cpp"中找到 OnPointCreate()、OnPointDelete()和 OnPointMove()，分别在 if(GPntFCreated){}函数体里添加如下语句：

```
GCurShowState = SHOWSTATE_UNDEL;//设置当前为显示未删除状态
this- > Invalidate();
GShowPnt = true;
GShowReg = true;
GShowLin = true;
```

（8）按照（7）的方法提示，分别修改"线编辑"的"造线""删除线""移动线""连接线"菜单项的事件处理程序和"区编辑"的"造区""删除区""移动区"菜单项的事件处理程序。

（9）修改"窗口"菜单项下的"复位"功能事件处理函数（图 3.27.2）。在复位的菜单事件处理程序 OnWindowReset()的原有代码前添加如下代码：

```
GCurShowState = SHOWSTATE_UNDEL;//设置当前为显示未删除状态
GShowPnt = true;
GShowLin = true;
GShowReg = true;
```

（10）调试运行程序。在程序中进行点、线、区的编辑操作与显示点、线、区的操作，体验与前面练习中操作的不同之处。

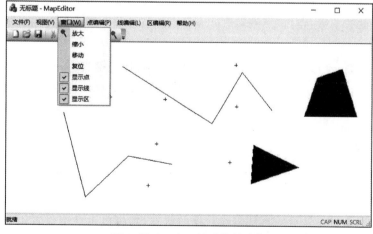

图 3.27.2　窗口显示控制功能

练习 28　点编辑其他功能实现

1. 练习内容(反复练习下列内容,达到练习目标)

(1)复习显示状态控制原理与方法。

(2)复习菜单选中与取消的状态控制的事件处理机制与方法。

(3)复习查找最近点的函数,编写查找最近删除点的函数。

(4)复习文件读写、异或模式绘图的方法。

(5)复习创建对话框、添加控件以及修改控件属性的方法。

(6)练习 Combo Box 控件、MFC ColorButton Control 控件的使用。

2. 练习目标(实习结束时请在达到的目标前打勾"√")

(1)已掌握显示状态控制原理与方法。

(2)已掌握菜单选中与否的状态控制方法。

(3)巩固了查找最近点的实现方法。

(4)巩固了文件读写的方法。

(5)巩固了使用异或模式绘图实现图形擦除的方法。

(6)已熟悉对话框创建与控件使用的方法。

(7)已掌握 Combo Box 控件、MFC ColorButton Control 控件的基本使用。

3. 操作说明及要求

(1)显示删除点:选中"点编辑"→"显示删除点",显示已删除的点;取消选中"点编辑"→"显示删除点",显示未删除的点。

(2)恢复点:点击"点编辑"→"恢复点",显示状态转换到"显示删除点"的状态,窗口中显示已删除的点。鼠标左键选择要恢复的点,这个点若在当前窗口消失,说明已恢复。

(3)设置点缺省参数:点击"点编辑"→"设置点缺省参数",弹出"点参数设置"对话框。在对话框中选择点的点型和颜色,点击"确定"按钮保存。

(4)修改点参数:点击"点编辑"→"修改点参数",鼠标左键选择需要修改参数的点,弹出"点参数设置"对话框,对话框显示当前点的点型和颜色。在对话框中选择点的点型和颜色,点击"确定"按钮保存。

4. 实现过程说明

功能一:显示删除点。"显示删除点"功能的核心是修改"点编辑"→"显示删除点"菜单项的事件处理程序,执行以下流程。

(1)若当前显示状态显示的不是删除数据的状态,则将显示状态设置为显示删除数据的状态,并将显示点的标志设置为 true,将显示线、区的标志设置为 false。即从显示未删除数据状态转换到显示删除数据状态,并显示已删除的点。

(2)若当前状态显示的是删除数据的状态,但是当前显示点的标志为 false,则将显示点的标志设置为 true,将显示线、区的标志设置为 false。即从显示已删除的线/区转换到显示已删除的点。

(3)若"显示删除点"菜单项已选中,就将显示状态设置为显示未删除数据的状态,并把显示点、线、区的标志设置为 true。即取消显示已删除的点,而显示所有未删除的数据。

(4)刷新窗口。

为了实现上述流程,需做如下准备工作:

(1)为"显示删除点"菜单项添加 UPDATE_COMMAND_UI 类型的事件处理程序。

(2)修改 OnDraw()中对 ShowAllPnt()的调用,使其能实现显示已删除或未删除点的功能。

功能二:恢复点。"恢复点"功能的实现需要修改下列两个消息响应函数。

◆　一个是修改"点编辑"→"恢复点"菜单项的事件处理程序 OnPointUndelete,执行以下流程:

(1)设置相应的操作状态。

(2)设置显示状态为显示删除的数据,刷新窗口。

(3)显示点的标志设置为 true,显示线、区的标志设置为 false。

◆　另一个是鼠标左键弹起消息响应函数 OnLButtonUp,在该函数中添加针对恢复点操作状态的代码,实现如下流程:

(1)从临时文件中查找离鼠标最近的已删除的点。

(2)将找到的点标记为未删除,写入文件。

(3)将要恢复的点用异或模式擦除。

为了实现上述流程,需要另外编写查找最近已删除的点函数 FindDeletePnt。

功能三:设置点缺省参数。"设置点缺省参数"功能的核心是修改"点编辑"→"设置点缺省参数"菜单项的事件处理程序,执行以下流程。

(1)打开"点参数设置"的对话框,显示点的缺省参数。

(2)保存更改后的参数。

为了实现此功能,需做如下准备工作:

(1)添加对话框资源,即添加"点参数设置"的对话框。

(2)为对话框添加点参数设置功能对应的类,以及控件对应的成员变量和按钮的事件处理程序(成员函数)。

功能四:修改点参数。"修改点参数"功能的实现需要修改下列两个消息响应函数。

(1)修改"点编辑"→"修改点参数"菜单项的事件处理程序 OnPointModifyParameter,执行以下流程:设置相应的操作状态;设置显示状态为显示未删除的数据,显示点、线、区的标志设置为 true;刷新窗口。

(2)修改鼠标左键弹起消息响应函数 OnLButtonUp,在该函数中添加针对修改点参数操作状态的代码,实现如下流程:从临时文件中查找离鼠标最近的点;读取找到的点的参数;弹出"点参数设置"对话框,并显示找到的点的参数;将修改参数后的点写入文件;刷新窗口。

5.上机指南

打开 Visual Studio2019,在练习 27 的成果基础上进行如下练习。

功能一:显示删除点

(1)打开 Visual Studio2019,在练习 27 的成果下进行操作。

(2)添加"点编辑"→"显示删除点"菜单的 UPDATE_COMMAND_UI 类型事件处理程序。在 OnUpdatePointShowDelete(CCmdUI ∗ pCmdUI)函数中添加代码:

```
//若当前显示状态是显示删除状态且显示点,菜单标记选中;否则取消
if (GCurShowState = = SHOWSTATE_DEL && GShowPnt = = true)
{
  pCmdUI- > SetCheck(1);
}
else
{
  pCmdUI- > SetCheck(0);
}
```

(3)修改"OnDraw"函数显示点部分的代码。因在枚举类型中 SHOWSTATE_UNDEL 的值为 0,SHOWSTATE_DEL 的值为 1,与点结构中删除标记(0:未删除,1:已删除)的值对应,所以可以用 GCurShowState 作为删除标记获取要显示的点数据,在"MapEditorView.cpp"中找到OnDraw(),修改显示点函数如下:

```
if (GShowPnt)
  ShowAllPnt(&dc,GPntTmpF,GPntNum,GZoomOffset_x,GZoomOffset_y,GZoom, GCurShow-
State);//显示绘制点
```

(4)修改"点编辑"→"显示删除点"菜单项的 COMMAND 类型事件处理程序。在"MapEditorView.cpp"的 OnPointShowDelete()函数中添加如下代码:

```
//若当前显示状态不是显示删除状态,则切换为显示删除状态并显示点
    if(GCurShowState ! = SHOWSTATE_DEL)
    {
      GCurShowState= SHOWSTATE_DEL;//设置为显示删除状态
      GShowPnt= true;
      GShowLin= false;
      GShowReg= false;
    }
    //若当前状态是显示删除状态,但当前显示的不是点,则将显示点的开关打开
    else if(GCurShowState = = SHOWSTATE_DEL && GShowPnt ! = true)
    {
      GShowPnt= true;
      GShowLin= false;
      GShowReg= false;
```

```
}
//其他情况下则将显示状态设置为显示未删除的状态,并打开所有显示的开关
else
{
  GCurShowState= SHOWSTATE_UNDEL;//设置为显示未删除状态
  GShowPnt= true;
  GShowLin= true;
  GShowReg= true;
}
this- > InvalidateRect(NULL);//刷新窗口
```

(5)调试运行程序。在程序窗口中进行造点、删除点操作,然后单击"点编辑"→"显示删除点",实现显示删除点功能,过程如图 3.28.1~图 3.28.3 所示。

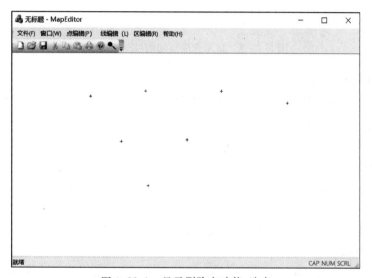

图 3.28.1　显示删除点功能-造点

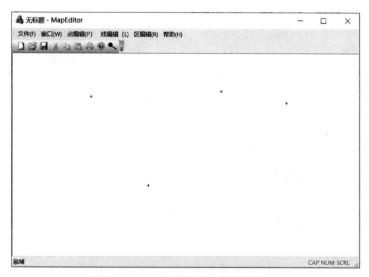

图 3.28.2　显示删除点功能-删除点

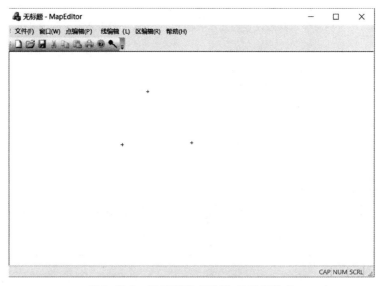

图 3.28.3　显示删除点功能-显示删除点

功能二:恢复点

(1)添加查找删除点的函数。查找删除点与查找点函数十分相似,仅仅是当点的删除标记为删除的时候才进行查找判断。

· 首先打开 Calculate.h,添加查找删除点的函数声明:

```
//查找最近删除点的函数声明
PNT_STRU FindDeletePnt(CPoint mousePoint,int PntNum,CFile* PntTmpF, int  &nPnt);
```

· 打开 Calculate.cpp 文件,添加查找删除点的函数实现:

```
/* 查找最近删除点* /
PNT_STRU FindDeletePnt(CPoint mousePoint, int PntNum, CFile* PntTmpF,  int& nPnt)
{
  PNT_STRU point;
  PNT_STRU tPnt= { tPnt.x = 0,tPnt.y = 0,tPnt.color= RGB(0,0,0), tPnt.pattern = 0,
tPnt.isDel = 0 };
  double min =10; //在 10 个像素范围内寻找
  for (int i =0; i < PntNum; + + i)
  {
    ReadTempFileToPnt(PntTmpF, i, point);// 从临时文件中读取点
    If (! point.isDel)
      continue;//标记为删除点进行查找
    double dist= Distance(mousePoint.x, mousePoint.y, point.x, point.y);
    if(isSmall(min, dist))
    {
```

```
        min= dist;
        tPnt= point;
        nPnt= i;
      }
    }
    return tPnt;
}
```

(2)修改"点编辑"→"恢复点"菜单项的事件处理程序。在"MapEditorView. cpp"文件的
OnPointUndelete()函数中添加如下代码：

```
if(GPntFCreated)
{
  GCurOperState= OPERSTATE_UNDELETE_PNT;//当前操作状态(恢复点)
  GCurShowState= SHOWSTATE_DEL;//当前显示状态(删除点)
  this- > Invalidate();
  GShowPnt= true;//打开显示点
  GShowLin= false;//关闭显示线
  GShowReg= false;//关闭显示区
}
else
{
  MessageBox(L"File have not been created.", L"Message", MB_OK);
}
```

(3)完善鼠标左键弹起的消息响应函数消息。在"MapEditorView. cpp"中找到鼠标左键
弹起消息响应函数 OnLButtonUp(UINT nFlags，CPoint point)，在 if(GPntFCreated){}中
添加下列代码：

```
case OPERSTATE_UNDELETE_PNT://当前操作状态(恢复点)
  PntToDot(dot, point);
  PntVPtoDP(dot, GZoom,GZoomOffset_x, GZoomOffset_y);//窗口转数据坐标
  DotToPnt(point, dot);
  FindDeletePnt(point, GPntNum, GPntTmpF, GPntNdx);//查找最近的删除点
  if (GPntNdx ! = -1)
  {
    PNT_STRU pnt;
    ReadTempFileToPnt(GPntTmpF, GPntNdx, pnt);//从临时文件中读取点
    pnt.isDel =0;//设置删除标记为 0,即不删除
    UpdatePnt(GPntTmpF, GPntNdx, pnt);//更新点
    dot.x= pnt.x;
    dot.y= pnt.y;
    PntDPtoVP(dot,GZoom, GZoomOffset_x, GZoomOffset_y);//数据转窗口
```

```
    pnt.x= dot.x;

    pnt.y= dot.y;

    DrawPnt(&dc, pnt);//在当前视窗中用异或模式擦除恢复的点

    GPntChanged= true;

    GPntNdx = -1;

    }

break;
```

(4)调试运行程序。在程序窗口中进行造点、删除点操作或者打开一个点文件,单击"点编辑"→"恢复点"菜单,然后在客户区用鼠标点击要恢复的点,完成恢复点功能,如图 3.28.4 和图 3.28.5所示。

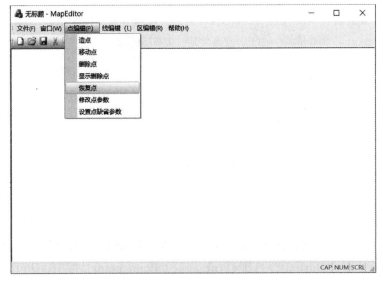

图 3.28.4　恢复点功能-恢复点

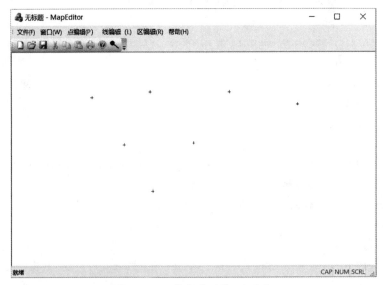

图 3.28.5　恢复点功能-显示点

功能三：设置点缺省参数

（1）新建"点参数设置"对话框。

· 添加对话框资源。打开资源视图，在 Dialog 处单击鼠标右键，在弹出的菜单中鼠标左键单击"插入 Dialog(E)"。

· 修改对话框资源属性。鼠标左键单击插入的对话框"IDD_DIALOG1"，在其右侧的属性中将 ID 属性修改为"IDD_POINT_PARAMETER"。

· 在对话框中添加控件，效果如图 3.28.6 所示。在工具箱中找到"Combo Box"控件，鼠标左键选中"Combo Box"拖动到对话框中。利用相同的方法添加"MFC ColorButton Control"控件，以及两个"Static Text"控件。

· 修改控件外观属性，并调整控件位置。鼠标左键单击一个"Static Text"控件，在属性界面中找到"Caption"属性，将右侧"Static"改为"颜色："，同理将另一个的"Caption"属性改为"点型："，用同样的方法将对话框的"Caption"设置为"点参数设置"，将"Combo Box"控件的"Type"属性选择为"Drop List"。

图 3.28.6   点参数对话框

· 修改控件 ID 属性。鼠标左键单击"Combo Box"控件，找到"ID"属性，将其改为"IDC_POINT_PATTERN"，同理将"MFC ColorButton Control"控件的 ID 改为"IDC_POINT_COLOR"。

· 为"Combo Box"控件添加数据。在属性界面中找到"Data"属性，在右侧输入"十字；圆形；星形；"；在属性界面中找到"Sort"属性，将"True"改为"False"。

· 创建对话框类。鼠标左键双击"点参数设置"对话框，在弹出的"MFC 添加类向导"中，在"类名(L)"处填入"CPointParameterDlg"，点击完成。

· 添加成员变量。鼠标右键单击"Combo Box"控件，在弹出的菜单中选择"添加变量(B)"，在弹出的对话框中，不修改缺省值，只在"变量名"位置填入"m_ComboBox"，点击完成；用同样的方法为"MFC ColorButton Control"控件添加变量，变量名为"m_ColorButton"。

（2）添加"点参数设置"对话框头文件。在"MapEditorView.cpp"的顶部添加头文件的位置包含"CPointParameterDlg.h"头文件。

（3）设置点型"Combo Box"控件 m_ComboBox 的初始值。

· 打开"CPointParameterDlg.h"，为对话框类添加 public 成员变量：

```
intm_Pattern;// 点型参数
```

• 打开"PointParameterDlg.cpp"，在对话框类的构造函数中添加如下代码：

```
m_Pattern=0;// 设置点型参数初始值
```

• 添加对话框初始化消息响应函数。鼠标单击"项目（P）"→"类向导（Z）..."，在弹出的"MFC 类向导"对话框中，类名选择"CPointParameterDlg"，左侧的标签中选择"虚函数"，在标签下面找到"OnInitDialog"，双击"OnInitDialog"添加初始化对话框响应函数，最后单击"编辑代码（E）"按钮，如图 3.28.7 所示。

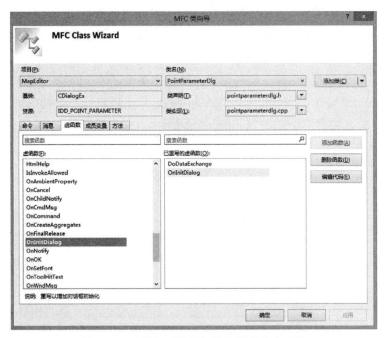

图 3.28.7　添加对话框初始化消息响应函数

在对话框初始化消息响应函数 OnInitDialog()中添加如下代码：

```
m_ComboBox.SetCurSel(m_Pattern);//设置 m_ComboBox 的初始值
```

（4）为点型"Combo Box"控件添加选择改变的消息响应函数。

• 鼠标单击"项目（P）"→"类向导（Z）..."，在弹出的"MFC 类向导"对话框中，类名选择"CPointParameterDlg"，左侧的标签中选择"命令"，在对象 ID 中找到"IDC_POINT_PATTERN"对象，这个对象就是我们添加的"Combo Box"控件，在右侧的消息中选择"CBN_SELCHANGE"，然后点击"添加处理程序（A）"按钮，最后点击"编辑代码"按钮，如图 3.28.8 所示。

• 在"Combo Box"控件选择改变的消息响应函数 OnSelchangePointPattern()中添加如下代码：

```
m_Pattern= m_ComboBox.GetCurSel();//设置当前选择的点型
```

（5）修改"点编辑"→"设置点缺省参数"菜单项的事件处理程序，在"MapEditorView.cpp"文件的 OnPointSetDefparameter()函数中添加如下代码：

```
CPointParameterDlg dlg;//点参数设置的对话框
dlg.m_Pattern= GPnt.pattern;//点型
dlg.m_ColorButton.SetColor(GPnt.color);//颜色
```

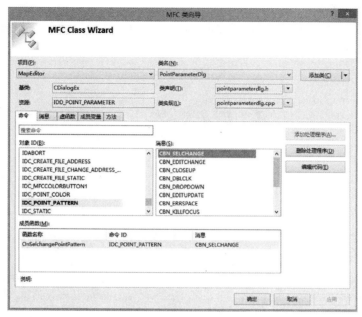

图 3.28.8　添加 Combo Box 控件选择改变响应函数

```
if(IDOK = = dlg.DoModal())
{
  GPnt.pattern= dlg.m_Pattern;
  COLORREF tempColor= dlg.m_ColorButton.GetColor();
  memcpy_s(&GPnt.color, sizeof(COLORREF), &tempColor, sizeof(COLORREF));
}
```

（6）调试运行程序。在程序窗口中单击"点编辑"→"设置点缺省参数"，在弹出的对话框中设置点的默认参数，如图 3.28.9 所示；然后进行造点操作，如图 3.28.10 所示，观察与之前练习中绘制点的区别。

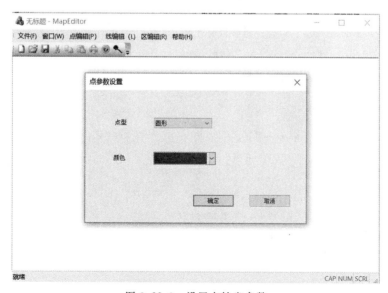

图 3.28.9　设置点缺省参数

功能四:修改点参数

(1)修改"点编辑"→"修改点参数"菜单项的事件处理程序。在 OnPointModifyParameter 函数中添加如下代码:

```
if(GPntFCreated)
{
  GCurOperState= OPERSTATE_MODIFY_POINT_PARAMETER;//修改点参数
  GCurShowState= SHOWSTATE_UNDEL;//显示状态(不删除点)
  GShowPnt= true;//打开显示点
  GShowLin= true;//打开显示线
  GShowReg= true;//打开显示区
  this- > Invalidate();
}
else
{
  MessageBox(L"File have not been created.", L"Message", MB_OK);
}
```

(2)处理鼠标左键弹起消息。在"MapEditorView.cpp"中找到鼠标左键弹起消息响应函数 OnLButtonUp(),在 if(GPntFCreated){}中添加下列代码:

```
case OPERSTATE_MODIFY_POINT_PARAMETER://修改点参数操作状态
  PntToDot(dot, point);
  PntVPtoDP(dot, GZoom,GZoomOffset_x, GZoomOffset_y);//窗口转数据坐标
  DotToPnt(point, dot);
  PNT_STRU tempPoint;
  memcpy_s(&tempPoint,sizeof(PNT_STRU),&FindPnt(point,GPntNum,GPntTmpF,GPnt-
Ndx), sizeof(PNT_STRU));//查找最近点
  if(GPntNdx ! = -1)
  {
    CPointParameterDlg dlg;//点参数设置对话框
    dlg.m_ColorButton.SetColor(tempPoint.color);
    dlg.m_Pattern= tempPoint.pattern;
    if (IDOK= = dlg.DoModal())
    {
      COLORREF tempColor= dlg.m_ColorButton.GetColor();
      memcpy_s(&tempPoint.color, sizeof(COLORREF), &tempColor,
      sizeof(COLORREF));
      tempPoint.pattern= dlg.m_Pattern;
      GPntTmpF- > Seek(GPntNdx * sizeof(PNT_STRU), CFile::begin);
      GPntTmpF- > Write(&tempPoint, sizeof(PNT_STRU));//写入点数据
    }
```

```
    this- > Invalidate();

    GPntChanged= true;

    GPntNdx = - 1;

  }
  break;
```

（3）调试运行程序。在程序窗口中进行修改点参数的操作：单击"点编辑"→"修改点参数"，在客户区单击鼠标左键选择修改点，然后在弹出的对话框中设置点的参数，单击对话框的"确定"按钮，即可更新客户区的点，如图 3.28.10 所示。

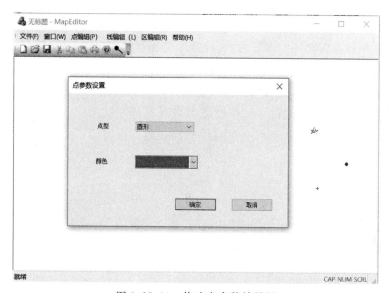

图 3.28.10　修改点参数效果图

练习 29　线编辑其他功能实现

1. 练习内容（反复练习下列内容，达到练习目标）

（1）复习显示状态控制原理与方法。

（2）复习菜单选中与取消的状态控制的事件处理机制与方法。

（3）复习查找最近线的函数，编写查找最近删除线的函数。

（4）复习文件读写、异或模式绘图的方法。

（5）复习创建对话框、添加控件以及修改控件属性的方法。

（6）复习 Combo Box 控件、MFC ColorButton Control 控件的使用。

2. 练习目标（实习结束时请在达到的目标前打勾"√"）

（1）已熟悉显示状态控制原理与方法。

（2）已熟悉菜单选中与否的状态控制方法。

（3）进一步巩固了查找最近线的实现方法。

（4）进一步巩固了文件读写的方法。

（5）进一步巩固了使用异或模式绘图实现图形擦除的方法。

（6）已熟悉对话框创建与控件使用的方法。

（7）已掌握 Combo Box 控件、MFC ColorButton Control 控件的基本使用。

3.操作说明及要求

（1）显示删除线：选中"线编辑"→"显示删除线"，显示已删除的线；取消选中"线编辑"→"显示删除线"，则显示未删除的线。

（2）恢复线：点击"线编辑"→"恢复线"，显示状态转换到"显示删除线"的状态，窗口中显示已删除的线。鼠标左键选择要恢复的线，该条线会在当前窗口消失，说明已恢复。

（3）设置线缺省参数：点击"线编辑"→"设置线缺省参数"，弹出"线参数设置"对话框。在对话框中选择线的线型、颜色，点击"确定"按钮保存。

（4）修改线参数：点击"线编辑"→"修改线参数"，鼠标左键选择需要修改参数的线，弹出"线参数设置"对话框，对话框显示当前线的线型和颜色。在对话框中选择线的线型、颜色参数，点击"确定"按钮保存。

4.实现过程说明

功能一：显示删除线。"显示删除线"功能与"显示删除点"功能类似，其核心是修改"线编辑"→"显示删除线"菜单项的事件处理程序，执行以下流程：

（1）若当前显示状态不是显示删除数据的状态，则将显示状态设置为显示删除数据的状态，并将显示线的标志设置为 true，将显示点、区的标志设置为 false。即从显示未删除数据状态转换到显示删除数据状态，并显示已删除的线。

（2）若当前状态是显示删除数据的状态，但是当前显示线的标志为 false，则将显示线的标志设置为 true，将显示点、区的标志设置为 false。即从显示已删除的点/区转换到显示已删除的线。

（3）若"显示删除线"菜单项已选中，就将显示状态设置为显示未删除数据的状态，并把显示点、线、区的标志设置为 true。即取消显示已删除的线，而显示所有未删除的数据。

（4）刷新窗口。

为了实现上述流程，需做如下准备工作：

（1）为"显示删除线"菜单项添加 UPDATE_COMMAND_UI 类型的事件处理程序。

（2）修改 OnDraw()中对 ShowAllLin()的调用，使其能实现显示已删除或未删除线的功能。

功能二：恢复线。"恢复线"功能与"恢复点"功能类似，其实现需要修改下列两个消息响应函数。

（1）修改"线编辑"→"恢复线"菜单项的事件处理程序 OnLineUndelete，执行以下流程：设置相应的操作状态；设置显示状态为显示删除的数据，刷新窗口；显示线的标志设置为 true，显示点、区的标志设置为 false。

（2）修改鼠标左键弹起消息响应函数 OnLButtonUp,在该函数中添加针对恢复线操作状态的代码,实现如下流程:从临时文件中查找离鼠标最近的已删除的线;将找到的线标记为未删除,写入文件;将要恢复的线用异或模式擦除。

为了实现上述流程,需要另外编写查找最近已删除的线函数 FindDeleteLin。

功能三:设置线缺省参数。"设置线缺省参数"功能与"设置点缺省参数"功能类似,其核心是修改"线编辑"→"设置线缺省参数"菜单项的事件处理程序,执行以下流程:

（1）打开"线参数设置"的对话框,显示线的缺省参数。

（2）保存更改后的参数。

为了实现此功能,需做如下准备工作:

（1）添加对话框资源,即添加"线参数设置"的对话框。

（2）为对话框添加线参数设置功能对应的类,以及控件对应的成员变量和按钮的事件处理程序(成员函数)。

功能四:修改线参数。"修改线参数"功能与"修改点参数"功能类似,其实现需要修改下列两个消息响应函数。

（1）修改"线编辑"→"修改线参数"菜单项的事件处理程序 OnLineModifyParameter,执行以下流程:设置相应的操作状态;设置显示状态为显示未删除的数据,显示点、线、区的标志设置为 true;刷新窗口。

（2）修改鼠标左键弹起消息响应函数 OnLButtonUp,在该函数中添加针对修改线参数操作状态的代码,实现如下流程:从临时文件中查找离鼠标最近的线;读取找到的线的参数;弹出"线参数设置"对话框,并显示找到的线的参数;将修改参数后的点写入文件;刷新窗口。

5. 效果预览

各个功能效果预览详见图 3.29.1～图 3.29.5。

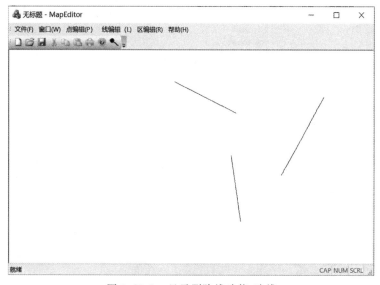

图 3.29.1　显示删除线功能-造线

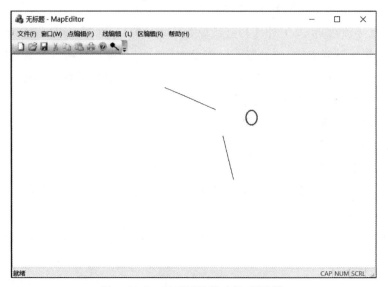

图 3.29.2 显示删除线功能-删除线

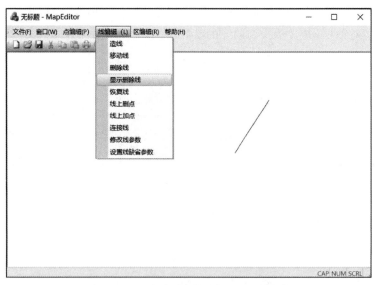

图 3.29.3 显示删除线功能-显示删除线

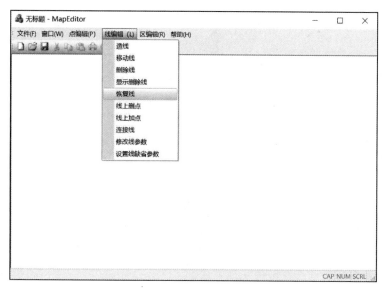

图 3.29.4　恢复线功能-恢复线

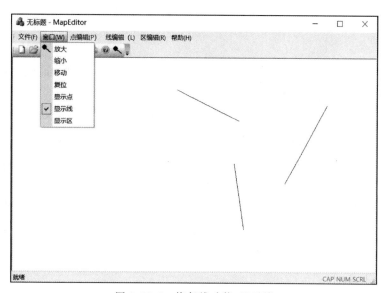

图 3.29.5　恢复线功能-显示线

　　说明:线编辑中的"显示删除线""恢复线""设置线缺省参数""修改线参数"功能与点编辑的对应功能类似,具体实现请参照练习 28,此略。

练习 30　区编辑其他功能实现

1. 练习内容(反复练习下列内容,达到练习目标)

(1)复习显示状态控制原理与方法。

(2)复习菜单选中与取消的状态控制的事件处理机制与方法。

(3)复习查找最近区的函数,编写查找最近删除区的函数。

(4)复习文件读写、异或模式绘图的方法。

(5)复习创建对话框、添加控件以及修改控件属性的方法。

(6)复习 Combo Box 控件、MFC ColorButton Control 控件的使用。

2. 练习目标(实习结束时请在达到的目标前打勾"√")

(1)已完全掌握显示状态控制原理与方法。

(2)已完全掌握菜单选中与否的状态控制方法。

(3)已完全掌握查找点所在区的实现方法。

(4)已完全掌握文件读写的方法。

(5)已完全掌握使用异或模式绘图实现图形擦除的方法。

(6)已完全掌握对话框创建与控件使用的方法。

(7)已完全掌握 Combo Box 控件、MFC ColorButton Control 控件的基本使用。

3. 操作说明及要求

(1)显示删除区:选中"区编辑"→"显示删除区",显示已删除的区;取消选中"区编辑"→"显示删除区",则显示未删除的区。

(2)恢复区:点击"区编辑"→"恢复区",显示状态转换到"显示删除区"的状态,窗口中显示已删除的区。鼠标左键选择要恢复的区,这个区若在当前窗口消失,说明已恢复。

(3)设置区缺省参数:点击"区编辑"→"设置区缺省参数",弹出"区参数设置"对话框。在对话框中选择区的区线型、颜色参数,点击"确定"按钮保存。

(4)修改区参数:点击"区编辑"→"修改区参数",鼠标左键选择需要修改参数的点,弹出"区参数设置"对话框,对话框显示当前区的区线型、颜色参数。在对话框中选择区的区线型、颜色参数,点击"确定"按钮保存。

4. 实现过程说明

功能一:显示删除区。"显示删除区"功能的核心是修改"区编辑"→"显示删除区"菜单项的事件处理程序,执行以下流程:

(1)若当前显示状态显示的不是删除数据的状态,则将显示状态设置为显示删除数据的状态,并将显示区的标志设置为 true,将显示点、线的标志设置为 false。即从显示未删除数据状态转换到显示删除数据状态,并显示已删除的区。

（2）若当前状态显示的是删除数据的状态，但是当前显示区的标志为 false，则将显示区的标志设置为 true，将显示点、线的标志设置为 false。即从显示已删除的点/线转换到显示已删除的区。

（3）若"显示删除点"菜单项已选中，就将显示状态设置为显示未删除数据的状态，并把显示点、线、区的标志设置为 true。即取消显示已删除的区，而显示所有未删除的数据。

（4）刷新窗口。

为了实现上述流程，需做如下准备工作：

（1）为"显示删除区"菜单项添加 UPDATE_COMMAND_UI 类型的事件处理程序。

（2）修改 OnDraw() 中对 ShowAllReg() 的调用，使其能实现显示已删除或未删除区的功能。

功能二：恢复区。 "恢复区"功能的实现需要修改下列两个消息响应函数。

（1）修改"区编辑"→"恢复区"菜单项的事件处理程序 OnRegionUndelete，执行以下流程：设置相应的操作状态；设置显示状态为显示删除的数据，刷新窗口；显示区的标志设置为 true，显示点、线的表示设置为 false。

（2）修改鼠标左键弹起消息响应函数 OnLButtonUp，在该函数中添加针对恢复区操作状态的代码，实现如下流程：从临时文件中查找离鼠标最近的已删除的区（通过点击位置是否在区范围的原则选区）；将找到的区标记为未删除，写入文件；将要恢复的区用异或模式擦除。

为了实现上述流程，需要另外编写查找最近已删除的区函数 FindDeleteReg。

功能三：设置区缺省参数。 "设置区缺省参数"功能的核心是修改"区编辑"→"设置区缺省参数"菜单项的事件处理程序，执行以下流程：

（1）打开"区参数设置"的对话框，显示区的缺省参数。

（2）保存更改后的参数。

为了实现此功能，需做如下准备工作：

（1）添加对话框资源，即添加"区参数设置"的对话框。

（2）为对话框添加区参数设置功能对应的类，以及控件对应的成员变量和按钮的事件处理程序（成员函数）。

功能四：修改区参数。 "修改区参数"功能的实现需要修改下列两个消息响应函数。

（1）修改"区编辑"→"修改区参数"菜单项的事件处理程序 OnRegionModifyParameter，执行以下流程：设置相应的操作状态；设置显示状态为显示未删除的数据，显示点、线、区的标志设置为 true；刷新窗口。

（2）修改鼠标左键弹起消息响应函数 OnLButtonUp，在该函数中添加针对修改区参数操作状态的代码，实现如下流程：从临时文件中查找离鼠标最近的区；读取找到的区的参数；弹出"区参数设置"对话框，并显示找到的区的参数；将修改参数后的区写入文件；刷新窗口。

5. 效果预览

各功能效果预览详见图 3.30.1～图 3.30.7。

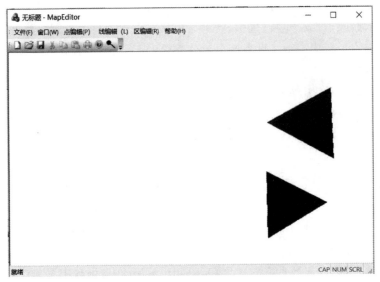

图 3.30.1　显示删除区功能-造区

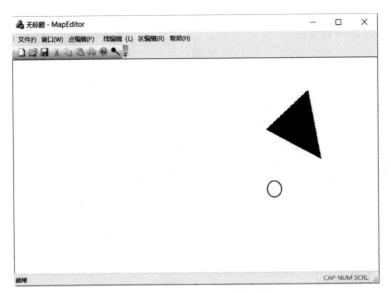

图 3.30.2　显示删除区功能-删除区

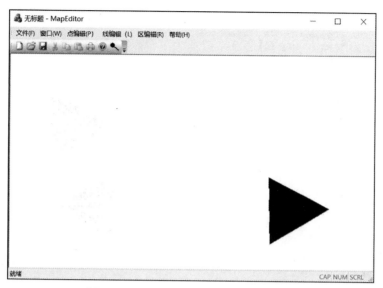

图 3.30.3　显示删除区功能-显示删除区

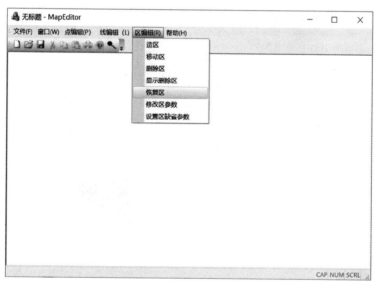

图 3.30.4　恢复区功能-恢复区

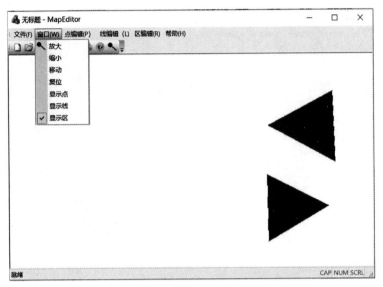

图 3.30.5　恢复区功能-显示区

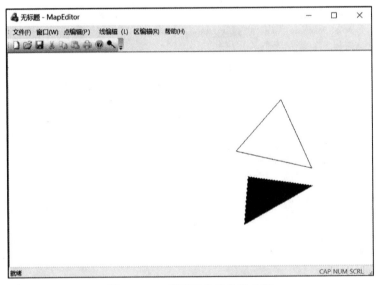

图 3.30.6　设置区缺省参数功能

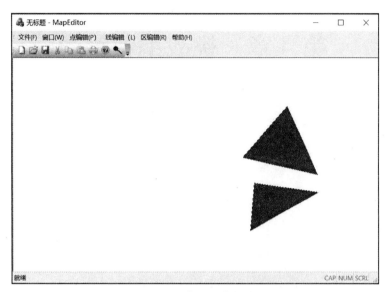

图 3.30.7　修改区参数功能

第4章 挑战编程练习

练习 31　线上删点

1. 练习内容(反复练习下列内容,达到练习目标)

(1)复习文件续写的方法。

(2)复习查找离鼠标点击位置最近的线的方法。

(3)复习点遍历的方法;练习查找离鼠标点位置最近的线上的点。

(4)复习窗口重绘的方法。

(5)学习线上删点功能的原理与实现方法。

2. 练习目标(实习结束时请在达到的目标前打勾"√")

(1)已巩固文件续写的方法。

(2)已完全掌握查找最近线的方法。

(3)已掌握点遍历的方法。

(4)已掌握查找离鼠标点位置最近的线上的点。

(5)已巩固窗口重绘的方法。

(6)已理解和掌握线上删点功能的原理与方法。

3. 操作说明及要求

(1)该功能实现删除视图窗口中某条被选中线上的指定点。

(2)执行"线编辑"→"线上删点"功能时,在客户区按下鼠标左键,先选中离鼠标位置最近的线,再遍历选中线上的所有点,选出离鼠标位置最近的点,删除该点后,该选中线上的总点数减 1,最后显示删除点后的线。

4. 效果预览

(6)绘制一段线,如图 4.31.1 所示,本例中包含 7 个节点。

(7)删除节点 3 和节点 5 之后的效果如图 4.31.2 所示。

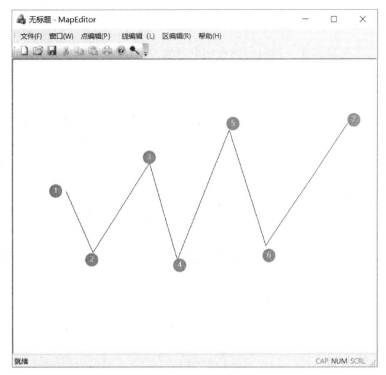

图 4.31.1　绘制测试线

图 4.31.2　线上删点测试

5. 实现过程说明

该功能的实现需要修改下列两个消息响应函数。

（1）修改"线编辑"→"线上删点"菜单命令处理函数 OnLineDeleteDot，在函数中设置相应的操作状态（OPERSTATE_LIN_DELETE_DOT）。

（2）修改鼠标左键弹起消息响应函数 OnLButtonDown，在该函数中添加针对线上删点操作状态的代码，实现如下流程：将鼠标左键弹起点位置坐标转换为数据坐标系；从临时文件中查找最近的线；从选中的线上查找最近的点（遍历点）；从选中的线上删除找到的点；使窗口重绘，重新显示线。

为实现上述功能，需添加查找线上最近点的函数 FindPntOnLin 和删除线上某点的函数 DelPntOnLin。

说明：在练习 30 的成果基础上进行操作，具体实现可参考基础编程练习中的相应内容。

6. 反思与总结

（1）删除首、尾节点和删除中间节点有何区别？

（2）在实现查找线上最近的点的函数时，函数返回值是返回 Point 类型的点好还是返回 int 类型的点在线上的索引位置好？这对于删除线上某点时有什么好处？

（3）试着多画几条线，并且连续删除多个线上的点，会不会产生意想不到的问题呢？如果出现问题，该如何进一步完善呢？

练习 32　线上加点

1. 练习内容（反复练习下列内容，达到练习目标）

（1）复习查找离鼠标点击位置最近的线的方法。

（2）练习在选中的线上查找最近的线段，即需要加点的线段。

（3）复习在鼠标移动时实现橡皮线功能。

（4）复习窗口重绘的实现方法。

（5）复习文件读写方法，实现线上加点将线节点写入线文件的功能。

2. 练习目标（实习结束时请在达到的目标前打勾"√"）

（1）再次巩固了查找离鼠标点击位置最近的线的方法。

（2）已掌握橡皮线的实现方法。

（3）已完全掌握窗口重绘的方法。

（4）已掌握遍历线上点查找加点的线段。

（5）再次巩固了文件读写方法。

（6）已掌握线上加点将线节点写入线文件的方法。

3. 操作说明及要求

(1)该功能实现在指定线上添加一个节点。

(2)执行"线编辑"→"线上加点"功能时,使用鼠标左键点击找到一条折线并找到折线上的特定线段,拖动鼠标,右键单击鼠标完成添加点。

4. 效果预览

(1)　绘制一段线,如图 4.32.1 所示,本例中包含 4 个节点。

(2)　在节点 1 和节点 2 之间、节点 3 和节点 4 之间线上加点,如图 4.32.2 所示。

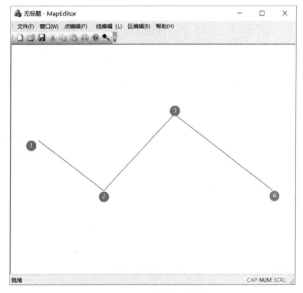

图 4.32.1　绘制测试线

图 4.32.2　线上加点测试

5. 实现过程说明

该功能的实现需要修改下列消息响应函数。

(1)修改"线编辑"→"线上加点"菜单命令处理函数 OnLineAddDot,在函数中添加相应的操作状态(OPERSTATE_LIN_ADD_DOT)。

(2)修改鼠标左键弹起消息响应函数 OnLButtonUp,在该函数中添加针对线上加点操作状态的代码,实现流程如下:将鼠标弹起点位置坐标转换为数据坐标系;从临时文件中查找距离鼠标弹起位置一定范围内最近的线;从选中的线上查找需要加点的线段并得到需要添加的点在折线中的顺序。

(3)修改鼠标移动消息响应函数 OnMouseMove,在函数中添加相应的操作状态,实现橡皮线效果。

(4)修改鼠标右键弹起消息响应函数 OnRButtonUp,在该函数中添加针对线上加点操作状态的代码,实现如下流程:判断所要加点的线的位置,如果是最后一条线,则在原位置直接添加点数据;如果不是,则需要将这条线的点数据以及所加点的数据写到线的点临时文件的末尾。窗口重绘,重新显示线。

说明: 在练习 31 的成果基础上进行操作,具体实现可参考基础编程练习中的相应内容。

6. 反思与总结

(1)线上加点和前面的连接线有什么区别和联系?

(2)根据练习 31 的启示,如何确定需要加点的线段的两个端点呢?

(3)通过连接线和本节内容,你对操作文件中的内容有没有新的体会?

(4)试着多画几条线,并且连续多次线上加点,会不会产生意想不到的问题呢? 如果出现问题,该如何进一步完善呢?

练习 33 增加显示几何图形数量功能

1. 练习内容(反复练习下列内容,达到练习目标)

(1)练习状态栏编辑功能。

(2)复习文件读取的方法。

(3)练习从文件中读取点、线、区的逻辑数与物理数。

(4)实现在状态栏显示点、线、区的数量。

2. 练习目标(实习结束时请在达到的目标前打勾"√")

(1)已经掌握了状态栏编辑功能。

(2)巩固了文件读取的方法。

(3)已掌握如何从文件中读取点、线、区的数量。

(4)已掌握如何在状态栏显示点、线、区的数量。

3. 操作说明及要求

(1)该功能实现在程序窗口的状态栏中分别显示点、线、区的几何图形数量的功能,如图 4.33.1 所示。

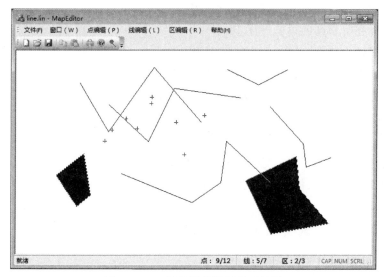

图 4.33.1　显示图形数量界面效果

(2)打开点、线、区文件或进行点、线、区的编辑操作时,在程序窗口提示栏分别显示点、线、区的数量,格式为——"点:12/15　线:22/22　区:5/6",其中分母是物理数,分子是逻辑数。当前客户区进行点、线、区的编辑操作时,状态栏上及时更新对应点、线、区的数量。

(3)状态栏的几何图形数量显示分别与"窗口"→"显示点""显示线""显示区"的菜单状态对应,在菜单项未选中状态下,状态栏默认不显示对应的几何图形数量。

(4)程序窗口初始化时,即当前临时文件中没有几何图形,状态栏默认显示为"点:0/0　线:0/0　区:0/0"。

4. 实现过程说明

该功能实现主要思路如下:

(1)修改 MFC 程序 CMainFrame 类中的 OnCreate 函数,状态栏编辑使用 CMFCStatus-Bar 类实现。可以在状态栏上使用文本控件,分别显示点、线、区的数量(构造的显示字符串)。

(2)从当前的临时文件中读取几何图形(点、线、区)的逻辑数与物理数。

(3)分别构造状态栏点、线、区数量显示的字符串,其中分子(逻辑数)与分母(物理数)为变量,其初始值为 0。

(4)实现窗口图形显示状态与状态栏中图形数量显示的控制,即关联图形显示状态(GShowPnt、GShowLin、GShowReg),当其显示菜单选中时状态栏显示对应的图形数量,否则不显示。

练习 34　增加部分删除功能

1. 练习内容(反复练习下列内容,达到练习目标)

(1)复习创建菜单项和对应处理程序的方法。
(2)复习鼠标在客户区的拉框操作。
(3)实现拉框选中矩形范围内的点线区图形。
(4)复习在内存中删除点线区数据,变更点线区的数目。
(5)复习用异或模式擦除点线区(即删除点线区)的方法。

2. 练习目标(实习结束时请在达到的目标前打勾"√")

(1)已熟悉创建菜单项和对应处理程序的方法。
(2)学以致用,掌握了鼠标拉框选中点线区图形的方法。
(3)已掌握删除图形数据的原理与方法。
(4)巩固了图形绘制方法,即用异或模式擦除点线区。

3. 操作说明及要求

(1)删除部分点:鼠标左键在客户区拉框选择要删除的点,鼠标左键弹起时删除拉框范围选中的点数据,当前显示删除的点。
(2)删除部分线:鼠标左键在客户区拉框选择要删除的线,鼠标左键弹起时删除拉框范围选中的线数据,当前显示删除的线。
(3)删除部分区:鼠标左键在客户区拉框选择要删除的区,鼠标左键弹起时删除拉框范围选中的区数据,当前显示删除的区。

4. 实现过程说明

删除部分点、线、区的实现方法类似,主要方法如下:
(1)依次添加"删除部分点""删除部分线""删除部分区"的菜单项并添加事件处理程序。
(2)依次修改"删除部分点""删除部分线""删除部分区"的菜单命令处理函数,在函数中设置相应的操作状态。
(3)修改鼠标移动消息响应函数 OnMouseMove,在函数中添加针对删除部分点线区的代码,在此函数中绘制跟随鼠标移动的矩形框。
(4)修改鼠标左键弹起消息响应函数 OnLButtonUp,在该函数中分别添加针对删除部分点、删除部分线、删除部分区操作状态的实现代码,主要流程如下:

- 从临时文件中读取点(线、区)数据,通过遍历查找在拉框范围内的点(线、区)。
- 依次将查找到的点(线、区)的标记改为删除,其逻辑数递减。
- 将要删除的点(线、区)用异或模式擦除。

为了实现上述流程,需要另外编写查找拉框范围内的点、线、区的函数。

说明:拉框操作实现可以参照练习 17,查找拉框范围内图形的实现可以参照练习 26,删除选中的点、线、区数据的实现可以分别参照练习 10、练习 15、练习 23。

练习 35　增加统一修改参数功能

1. 练习内容(反复练习下列内容,达到练习目标)

(1)复习点、线、区参数设置功能的实现。
(2)复习拉框选中矩形范围内图形的方法。
(3)复习对话框资源的使用方法。
(4)复习查找图元(遍历)的原理与方法。

2. 练习目标(实习结束时请在达到的目标前打勾"√")

(1)已能够重复对话框创建和控件使用的过程。
(2)已掌握点、线、区参数设置功能的实现。
(3)已巩固拉框选中矩形范围内图形的方法。
(4)已掌握通过遍历实现多种方式查找图元的方法。

3. 操作说明及要求

统一修改参数功能,包括统改点参数、统改线参数、统改区参数功能,即修改符合一定条件的图元参数,或者修改全部图元参数的功能。其中,选择符合一定条件的图元有两种基本方式:鼠标拉框(范围)选择和根据条件筛选。

第一种方式:鼠标拉框(范围)选择
(1)统改点参数:单击"统改点参数",用鼠标在客户区拉框选择点图元,弹出"点参数设置"对话框,在对话框中设置点参数(点型、颜色),最后单击确定按钮完成框选点图元的参数修改,窗口重绘更新点。
(2)统改线参数、统改区参数功能与上述统改点参数类似,在此不再详述。

此种方式的实现,主要为鼠标跟随拉框、选中图元、修改图元参数、更新图形数据和窗口重绘更新图形的过程。

说明:拉框操作实现可以参照练习 17,查找拉框范围内图元的实现可以参照练习 26,修改点(线、区)参数的具体实现可以参照练习 28。

第二种方式:根据条件筛选
(1)统改点参数:单击"统改点参数",弹出点条件设置对话框(列出几种方式:根据点型修改、根据颜色修改、全部统改),在对话框中选定某种筛选方式后单击"确定"按钮选中满足条件的图元,弹出"点参数设置"对话框,在对话框中设置点参数(点型、颜色),如图 4.35.1 所示,最

图 4.35.1　条件设置界面效果

后单击确定按钮完成选中点图元的参数修改,窗口重绘更新点。

(2)统改线参数、统改区参数功能与上述统改点参数类似,在此不再详述。

此种方式的实现,主要为根据条件选中图元、修改图元参数、更新图形数据和窗口重绘更新图形的过程。其中,根据参数条件选中图元,原理与拉框选择类似,即通过遍历方法查找满足参数条件的图元。全部统改,则修改所有图元的图形参数。

说明:根据参数条件选择图元的遍历方法可以参照练习 26,修改点(线、区)参数的具体实现可以参照练习 28。

练习 36　增加线型和图案功能

1. 操作说明及要求

前面练习中涉及的几何图形,都是用最简单的图形参数。在本练习中加大难度,尝试增加点图案、线型、区填充图案等,丰富点、线、区的绘图功能。即在参数设置对话框中分别增加上述参数项,通过修改几何图形参数设置,绘制显示选定样式的几何图形。

在设计上述功能时,请思考采用何种方式选择点图案、线型、区填充图案,使得界面直观易用。例如,可以在对话框中使用下拉列表方式选择点型(点图案)、线型、区填充图案。

(1)选择点型:在设置点缺省参数或修改点时,打开"点参数设置"对话框,点型参数项使用下拉列表或者面板列出各个点图案,选定点图案和颜色后单击"确定"按钮,客户区更新修改后的点。

(2)选择线型、选择区填充图案与选择点型类似,在此不再详述。其中,区填充图案包括填充位图、矢量图方式,可以选择一种方式实现。

2. 实现过程说明

此功能的实现,需要涉及大面积的代码重构,主要思路如下:

(1)修改几何图形的数据结构,增加对应的参数。

(2)根据修改后的数据结构,完善整个项目中涉及数据结构的代码。

(3)修改"参数设置对话框",使用合适的控件展现点型、线型、区填充图案列表,并构建图案与画笔/画刷相应参数值的对应关系。

(4)修改图形绘制的实现代码,分别根据选定的点、线、区的样式创建画笔/画刷,绘制显示选定样式的几何图形。

说明:

(1)关于点型。在前面练习 5 中,绘制实现了三个基本点型(十字形、圆形、五角星形),在此可以扩展,参照练习 5 的方法创建更多的点型。

(2)关于线型。MFC 定义了一些线型(请查看绘图的参考资料),可以直接使用;也可以思考如何扩展,使用自定义的线型。

(3)关于区填充图案。区填充图案包括填充位图、矢量图两种方式,可以选择一种方式实现。

练习 37   改造源代码,封装数据访问层

1. 操作说明及要求

为了便于应用,需充分运用前面练习掌握的方法,尝试改造前面练习的项目源码,在临时文件之上封装数据访问层,即分别封装点、线、区的访问函数,并修改相应的点、线、区的操作函数。喜欢挑战的同学可以尝试将数据访问接口独立成一个动态连接库(DLL),形成自己的且可供他人调用的"数据访问平台"。封装数据访问层,可以统一和规范对临时文件的读写,起到屏蔽临时文件存储细节的作用,同时能够更好地实现代码复用。

思考:便于数据访问,封装数据访问层也可以完善点、线、区的数据结构,增加图形的唯一标识符(类似 ID)。

2. 实现过程说明

针对前面练习的项目工程,分别封装点、线、区的数据访问层,可以进行如表 4.37.1～表 4.37.3 所示的接口定义。

表 4.37.1   点相关的函数定义

函数定义	函数说明
long CreatTmpPnt()	创建临时点
long GetPntNum(long * pntLNum, long * pntNum)	获取点的数量
long GetPnt(longid, PNT_STRU * pnt)	获取点
long AppendPnt(PNT_STRU * pnt)	添加点
long UpdatePnt(long id, PNT_STRU * pnt)	更新点
long DelPnt(long id)	删除点
long UnDelPnt(long id)	恢复点
long UpdatePntParameter(long id, int pattern, COLORREF color)	修改点参数
long UpdatePntData(long id, double x, double y)	修改点坐标

表 4.37.2　线相关的函数定义

函数定义	函数说明
long CreatTmpLin()	创建临时线
long GetLinNum(long * linLNum，long * linNum)	获取线的数量
long GetLin(long id，LIN_NDX_STRU * lin,D_DOT * ptDot)	获取线
long AppendLin(D_DOT * ptDot,LIN_NDX_STRU &lin)	添加线
long UpdateLin(long id，D_DOT * ptDot,LIN_NDX_STRU &lin)	更新线
long DelLin(long id)	删除线
long UnDelLin(long id)	恢复线
long UpdateLinParameter(long id，LIN_NDX_STRU linNdx)	修改线参数
long UpdateLinData(long id，D_DOT * ptDot,long dotNum)	修改线的节点坐标数据

表 4.37.3　区相关的函数定义

函数定义	函数说明
Long CreatTmpReg()	创建临时区
long GetRegNum(long * regLNum，long * regNum)	获取区的数量
long GetReg(long id,REG_NDX_STRU * reg,D_DOT * ptDot)	获取区
long AppendReg(D_DOT * ptDot,REG_NDX_STRU &reg)	添加区
long UpdateReg(long　id，D_DOT * ptDot,REG_NDX_STRU &reg)	更新区
long DelReg(long id)	删除区
long UnDelReg(long id)	恢复区
long UpdateRegParameter(long id,REG_NDX_STRU &regNdx)	修改区参数
long UpdateRegData(long id，D_DOT * ptDot,long dotNum)	修改区的节点数据

附 件

附件 1 C++编码规范

一、文件组织

1. 文件结构

(1)版权和版本的声明。

版权和版本的声明位于头文件和定义文件的开头(例1),主要内容:① 版权信息;② 文件名称,标识符,摘要;③ 当前版本号,作者/修改者,完成日期;④ 版本历史信息。

```
//Copyright (c) 2002－2005,    中国地质大学
// All rights reserved.
//
// 文件名称:输入文件名,如 filename. h
// 文件标识:见配置管理计划书
// 摘要:简要描述本文件的内容
//
// 当前版本:1.1
// 作者:输入作者(或修改者)名字
// 完成日期:2002 年 7 月 20 日
//
// 取代版本:1.0
// 原作者:输入原作者(或修改者)名字
// 完成日期:2002 年 5 月 10 日
```

例 1　版权和版本的声明

(2)头文件的结构。

头文件由三部分内容组成:① 头文件开头处的版权和版本声明(例1);② 预处理块;③函数和类结构声明等。

假设定义文件的名称为 box. h,定义文件的结构参见例 2。

```
// 版权和版本声明见例1,此处省略。
＃include "graphics. h"// 引用头文件
…
// 全局函数的声明
```

```
void Function1(…);
;
// 类的声明
class CBox{
public：
        long GetSize();
        …
private：
        long m_lWidth;
        …
};
```

例2　C++/C 定义文件的结构

【规则 1】防止头文件内容被重复包含

为了防止头文件内容被重复包含,所有头文件必须用 ifndef/define/endif 结构产生预处理块。例如:对于文件 mystring. h,其文件内容应按照如下方式编写(例 3):

```
#ifndef   MYSTRING_H
#define   MYSTRING_H
#include <math. h>// 引用标准库的头文件
  …
#include "myheader. h"// 引用非标准库的头文件
  …
void Function1(…);// 全局函数声明
  …
class Box     // 类结构声明
{
  …
};
…
#endif
```

例3　文件的内容定义

【规则 2】引用信息顺序

标准的头文件要放在前面,而且按照字母顺序排列。标准头文件和自己的头文件之间应该用空行分隔。

【规则 3】用 #**include <filename. h>**格式来引用标准库的头文件(编译器将从标准库目录开始搜索)。

【规则 4】用 ♯include "filename. h" 格式来引用非标准库的头文件（编译器将从用户的工作目录开始搜索）。

【建议 1】头文件中只存放"声明"而不存放"定义"。

在 C++语法中，类的成员函数可以在声明的同时被定义，并且自动成为内联函数，如果从提高性能角度考虑是可取的。除此之外的选择，建议将成员函数的定义与声明分开，不论该函数体有多么小。

【建议 2】不提倡使用全局变量，尽量不要在头文件中出现像 **extern int value** 这类声明。

（3）头文件的作用。

通过头文件来调用库功能。在很多场合，源代码不便（或不准）向用户公布，只需向用户提供头文件和二进制的库即可。用户只需要按照头文件中的接口声明来调用库功能，而不必关心接口怎么实现，编译器会从库中提取相应的代码。

头文件能加强类型安全检查。如果某个接口被实现或被使用，其方式与头文件中的声明不一致，编译器就会指出错误，这一简单的规则能大大减轻程序员调试、改错的负担。

2. 目录结构

如果一个软件的头文件数目比较多（如超过十个），通常应将头文件和定义文件分别保存于不同的目录，以便维护。例如，可将头文件保存于 include 目录，将定义文件保存于 source 目录（可以是多级目录）。

如果某些头文件是私有的，它不会被用户的程序直接引用，则没有必要公开其"声明"。为了加强信息隐藏，这些私有的头文件可以和定义文件存放于同一个目录。

【规则 5】统一目录结构

项目开始时，规定好项目相关文件在磁盘上的存储目录结构。

二、命名规则

比较著名的命名规则当推 Microsoft 公司的"匈牙利"法，该命名规则的主要思想是"在变量和函数名中加入前缀以增进人们对程序的理解"。例如所有的字符变量均以 ch 为前缀，若是指针变量则追加前缀 p，如果一个变量由 ppch 开头，则表明它是指向字符指针的指针。在程序体中应基本遵循匈牙利命名规则。

1. 总则

【规则 6】标识符应当直观且可以拼读，可望文知意，不必进行"解码"。

标识符应该采用英文单词或其组合，便于记忆和阅读，切忌使用汉语拼音来命名。

【规则 7】标识符长度应当尽量符合"min-length && max-information"原则。

单字符的名字也是有用的，常见如 i，j，k，m，n，x，y，z 等，它们通常可用作函数内的局部变量。

【规则 8】程序中不要出现仅靠大小写区分的相似的标识符。

例如：

```
int   x，  X;// 变量 x 与 X 容易混淆
void foo(int x);// 函数 foo 与 FOO 容易混淆
void FOO(float x);
```

【规则 9】命名规则尽量与所采用的操作系统或开发工具的风格保持一致。

例如 Windows 应用程序的标识符通常采用"大小写"混排的方式，如 AddChild。而 Unix 应用程序的标识符通常采用"小写加下画线"的方式，如 add_child。别把这两类风格混在一起用。

【建议 3】尽量避免名字中出现数字编号，如 Var1、Var2 等，除非逻辑上的确需要编号。

【建议 4】尽量使用公认的无异义的缩写，缩写一般不超过四个字母。

例如：

HTML	Hypertext Markup Language
URL	Uniform Resource Locator
cmd	command
init	initialize

【规则 10】程序中不要出现标识符完全相同的局部变量和全局变量，尽管两者的作用域不同而不会发生语法错误，但会使人误解。

【规则 11】变量的名字应当使用"名词"或者"形容词＋名词"。

例如：

```
float   value;
float   oldValue;
float   newValue;
```

【规则 12】函数的名字应当使用"动词"或者"动词＋名词"（动宾词组）。类的成员函数省掉表示对象本身的"名词"。

例如：

```
DrawBox();          // 全局函数
box->Draw();// 类的成员函数
```

【规则 13】用正确的反义词组命名具有互斥意义的变量或相反动作的函数等。

```
例如：
    int    minValue；
    int    maxValue；
    int    SetValue(…)；
    int    GetValue(…)；
```

2. 文件

【规则 14】通用文件命名规则。

(1)类的声明文件(.h)和实现文件(.cpp)：类名.h　类名.cpp

(2)常量定义文件：项目名称缩写(大写)＋_Const.h　例：DI_Const.h

(3)全局变量、函数声明文件：项目名称缩写(大写)＋_GlobalDef.h　例：DI_GlobalDef.h

(4)错误代码定义文件：项目名称缩写(大写)＋_ErrorDef.h　例：DI_ErrorDef.h

3. 变量

【规则 15】变量名由范围前缀＋类型前缀＋限定词组成。

【规则 16】变量和参数用小写字母开头的单词组合而成。

```
例如：
    BOOL flag；
    int    drawMode；
```

【规则 17】变量的范围前缀。

(1)全局变量加上 g_(表示 global)。

```
例如：
    int g_howManyPeople；// 全局变量
    int g_howMuchMoney；// 全局变量
```

(2)静态变量加上 s_。

```
例如：
    void Init(…)
    {
    static int s_initValue；// 静态变量
    …
    }
```

（3）局部变量范围前缀为空。

【**规则 18**】变量的类型前缀。

类型名称	表示符号	范例
整型	n	m_nTotalNum
长整型	l	g_lOpenDate
无符号整型	u	uMsgID
无符号长整型	dw	dwCardNo
字符	ch	chChar
布尔量	b	m_bOK
浮点数	f	m_fPrice
双精度浮	d	g_dRate
字符数组	sz	m_szPath
指针	p	pProgress
字节指针	pb	m_pbSendData
无符号指针	pv	g_pvParam
字符指针	lpsz	lpszNameStr
整型指针	lpn	lpnSysDoomType
文件指针	fp	m_fpFile
结构体	st	stMyStruct

【**规则 19**】方法参数名。

使用有意义的参数命名，如果可能的话，使用和要赋值的字段一样的名字。

```
例如：
    void setTopic (String strTopic)
    {
      this. strTopic＝strTopic；
      ...
    }
```

【建议 5】循环变量。

可以用 i,j,k 做循环变量,用 p,q 做位移变量。

【规则 20】常量名全用大写,用下画线分割单词

```
例如:
    const int MAX =100;
    const int MAX_LENGTH =100;
```

4. 自定义类型

【规则 21】类名。类名必须由大写字母开头的单词或缩写组成,只用英文字母,禁用数字、下画线等符号。

【规则 22】typedef 定义的类型。利用 typedef 创建类型名为以"S"加单词或缩写组成,只用英文字母。

【规则 23】枚举类型。枚举类型名以"E"加单词或缩写组成,只用英文字母。枚举类型的成员遵循常量命名约定,使用大写字母和下画线,名称要有含义。

【规则 24】结构(struct)和联合(union)。结构(struct)和联合(union)名同类名。

5. 函数

【规则 25】用正确的反义词组命名具有互斥意义的变量或相反动作的函数等。

【规则 26】函数的名字应当使用"动词"或者"动词+名词"(动宾词组)。

【规则 27】类方法名必须用一个小写字母的动词开头,后面的单词用大写字母。

例如:getName(),setHTML()

【建议 6】方法名前缀。

根据需要使用 get/set 存取属性值,is/has/should 存取布尔值。

推荐使用下列方法前缀,按下列组合配对使用:

add/remove,create/destroy,old/new,insert/delete,increment/decrement,start/stop,begin/end,first/last,up/down,next/previous,min/max,open/close,show/hide

三、注 释

1. 总则

【规则 28】程序可以有两种注释:代码注释(implementation comments)和文档注释(documentation comments)。代码注释主要删除注释(注释掉目前不需要的代码)和说明注释(对代码进行说明),文档注释是指专门用来形成文档用的注释。

【规则 29】注释是 Why 而不是 What。程序中的注释不可喧宾夺主,注释的花样要少。

【规则 30】边写代码边注释,修改代码同时修改相应的注释,以保证注释与代码的一致性。不再有用的注释要删除。

【规则 31】注释的位置应与被描述的代码相邻,可以放在代码的上方或右方,不可放在下方。

【规则 32】当代码比较长,特别是有多重嵌套时,应当在一些段落的结束处加注释,便于阅读。

【规则 33】修正 bug 之后,要加上描述修改状况的注释。

2. 文档注释

【规则 34】文档注释。文档注释用/＊＊……＊/标识,它对代码的使用说明进行描述,每一个文档注释被放进/＊＊……＊/分隔符,每一个类、接口、构造函数,方法和成员变量拥有一个注释,这样的注释应该出现在相应的声明前。

```
例如:
   / * *
    *  Example 类提供如下的功能 ...
    * /
   class Example
   {
      ......
   }
```

类和接口的文档注释(/＊＊)的第一行不应该缩进,以后的文档注释每行都应有一个空格的缩进(给垂直排列的星号)。成员函数(包括构造函数),第一行文档注释前有一个 Tab 缩进,后续的行有一个 Tab 再加一个空的缩进。对于那些不适于文档注释的类、接口、变量、方法的信息,用代码注释进行说明,而不应该在类的文档注释中。文档注释不应该放在方法或构造函数的定义体内。

3. 源程序文件

【规则 35】源程序文件文档注释。每个源程序文件的开头都需要文档注释(例 1),主要内容如下:

(1)版权声明:版权声明内容为 Copyright Beijing China Tech international Software, Inc. All Rights Reserved。

(2)文件名称:本文件的名称。

(3)开发者姓名:填写最初编写此代码的人。

(4)创建日期:本文件的创建日期。

(5)功能目的:简要描述本文件中代码的功能。

(6)修改历史(修改日期、修改人、修改编号、修改内容)。其中修改历史可以多次出现,任何对本文件的修改必须增加一条修改历史。

4. 类

【**规则 36**】**类注释**。每个类必须有文档注释，其中至少要包括功能、版本、最后修改时间、作者、修改历史（修改日期、修改人、修改编号、修改内容）等，其中修改历史可以多次出现，任何对本类的修改必须增加一条修改历史，此外可以根据需要添加其他相关信息或链接。类注释必须在类的声明之前。

```
例如：
    / * *
    * 类＜code＞String＜/code＞封装了有关字符串的操作，这些操作包括
    * 单个字符定位、串比较、查找、提取子串、大写/小写转换等
    *
    * @author Lee Boynton
    * @author Arthur van Hoff
    * @version 1.130，02/09/01
    * /
    class String
    {
        …
    }
```

5. 函数

【**规则 37**】**函数注释**。所有函数（包括类自定义类型的成员函数）必须有文档注释。注释在其定义之前，按如下方式书写：

```
/ * *
* 判断一字符串是否为数字 *
* @param sNum 字符串
* @return true＝是数字 false＝不是数字
* /
boolean isNumber(String sNum)
{
    …
}
```

【规则 38】**构造函数。**注释要标明此函数为构造函数。如果有多个构造函数,用递增的方式书写,参数多的写在后面,如有多组构造函数,每组分别用递增的方式写,并且每一个都要有详细的注释。

6. 变量

【规则 39】**变量的注释。**变量注释出现在变量声明或自定义数据类型成员声明的前一行,用以描述对应变量的作用和含义,变量注释一般占一行。下列变量必须有注释:①自定义类型的成员;②全局变量;③其他重要的局部变量。

注释必须按如下方式书写:

```
/* *
 * 包计数器
 */
int iPackets;
```

7. 语句

【建议 7】**代码注释风格。**

代码注释用/ * ... * /和//标识。程序可以有四种风格的代码注释:块注释、单行注释、后缘注释(trailing)、行尾注释(end-of-line)。

块注释。块注释常用来提供文件、方法、数据结构、算法的说明。块注释可以被用在每个文件的开头和每个方法的起始,它们也可以被用在其他地方,比如在方法内部等。块注释在函数或方法的内部应该和它们描述的代码具有同样的缩进格式。块注释之前应该有一个空行。

单行注释。短的注释可以出现在单行,和它后面的代码使用同样的缩进。单行注释前应该有一个空行。

后缘注释(trailing)和行尾注释(end-of-line)。非常短的注释可以出现在和它说明的代码的同一行中,但应该和被说明的代码相隔足够远。如果在一个代码块中出现了多于一个的短注释,它们应该有相同的缩进。

【规则 40】**语句块结束注释。**

(1)函数定义的结束必须加如下内容的注释: //end of 函数名。若程序文件中能够明确指出函数结束的不需加此注释。

(2)对于包含代码行较多的条件语句,每个条件处理语句块的结束必须加如下内容的注释: //end of 此语句块的条件。

(3)对于包含代码行较多的循环语句,循环语句块的结束必须加如下内容的注释: //end of 循环条件。

四、程序的版式

1. 空白符

（1）空行。

【规则 41】在每个类声明之后、每个函数定义结束之后都要加空行。

【规则 42】在一个函数体内，逻辑上密切相关的语句之间不加空行，其他地方应加空行分隔。

（2）空格。

【规则 43】在 **if**、**for**、**while** 等关键字之后应留一个空格再跟左括号"("，以突出关键字。

【规则 44】函数名之后不要留空格，紧跟左括号"("，以此与关键字区别。

【规则 45】","""；"向前紧跟，紧跟处不留空格。

【规则 46】","之后要留空格，如 **Function**(**x**，**y**，**z**)。如果"；"不是一行的结束符号，其后要留空格，如 for (initialization；condition；update)。

【规则 47】赋值操作符、比较操作符、算术操作符、逻辑操作符、位域操作符，如"＝""＋＝"">＝""<＝""＋""＊""％""&&""||""<<""^"等二元操作符的前后应当加空格。

【规则 48】一元操作符如"！""~""＋＋""－－""&"(地址运算符)与其作用的操作数之间不加空格。

【规则 49】操作符"[]""."""－>"前后不加空格。

（3）对齐。

【规则 50】相互匹配的"{"和"}"应独占一行并且位于同一列，同时与引用它们的语句左对齐。

【规则 51】{ }之内的代码块在新行"{"右边一个 **Tab** 处左对齐。

2. 表达式

（1）运算符的优先级。

【建议 8】建议对于除"＋""＊"等优先级非常明显的运算符之外，全部使用括号确定表达式的操作顺序。

（2）复合表达式。

【规则 52】不要有多用途的复合表达式。

（3）逻辑表达式。

· 布尔变量与零值比较。

【规则 53】布尔变量与零值比较

不可将布尔变量直接与 TRUE、FALSE 或者 1、0 进行比较。应写为：

```
bool bFlag;
if (bFlag) // 表示 flag 为真
if (! bFlag) // 表示 flag 为假
```

其他的用法都属于不良风格。

```
例如:
    if (flag = = TRUE)
    if (flag = = 1 )
    if (flag = = FALSE)
    if (flag = =0)
```

· 整型变量与零值比较。

【规则 54】应当将整型变量用"=="或"! ="直接与 0 比较。

假设整型变量的名字为 value,它与零值比较的标准 if 语句如下:

```
if (value = =0)

if (value ! =0)
```

不可模仿布尔变量的风格而写成:

```
if (value)      // 会让人误解 value 是布尔变量

if (! value)
```

· 浮点变量与零值比较。

【规则 55】不可将浮点变量用"=="或"! ="与任何数字比较。

千万要留意,无论是 float 还是 double 类型的变量,都有精度限制。所以一定要避免将浮点变量用"=="或"! ="与数字比较,应该设法转化成">="或"<="形式。

假设浮点变量的名字为 x,应当将

```
if (x = =0.0)  // 隐含错误的比较
```

转化为

```
if ((x> = - EPSINON) && (x< = EPSINON))
```

其中 EPSINON 是允许的误差(即精度)。

· 指针变量与零值比较。

【规则 56】应当将指针变量用"=="或"! ="与 NULL 比较,而不应采用 if(p)或者 if(! p)的形式。

指针变量的零值是"空"(记为 NULL)。尽管 NULL 的值与 0 相同,但是两者意义不同。假设指针变量的名字为 p,它与零值比较的标准 if 语句如下:

```
if (p = =  NULL)// p 与 NULL 显式比较,强调 p 是指针变量

if (p ! =  NULL)
```

不要写成

```
if (p = =0)    // 容易让人误解 p 是整型变量

if (p ! =0)
```

或者

```
if (p)       // 容易让人误解 p 是布尔变量

if (! p)
```

3. 基本语句

（1）代码行。

【规则 57】一行代码只做一件事情,如只定义一个重要变量,或只写一条语句。

【规则 58】**if、for、while、do 等语句自占一行,执行语句不得在同一行上。不论执行语句有多少都要加{}。**

【规则 59】尽可能在定义变量的同时初始化该变量(就近原则)。

【建议 9】在使用之前才定义变量。

【建议 10】不提倡使用全局变量。

不提倡使用全局变量,尽量不要在头文件中出现像 extern int value 这类声明。

【建议 11】调试信息。

不要用 cout 到处打印调试信息,统一使用带开关的调试类打印调试信息。

（2）长行拆分。

【规则 60】**代码行最大长度为 80 个字符。**

【规则 61】超长的语句应该在一个逗号后,或者一个操作符前折行,操作符放在新行之首(以便突出操作符)。拆分出的新行要进行适当的缩进,使排版整齐,语句可读。

（3）修饰符的位置。

【规则 62】应当将修饰符"＊"和"&"紧靠变量名。

4. 条件语句

【建议 12】程序中有时会遇到 if/else/return 的组合的写法。

```
        建议将如下风格的程序
    if (condition)
    return x;
return y;
改写为
if (condition)
    {
    return x;
    }
else
    {
    return y;
    }
    或者改写成更加简练的
    return (condition ? x : y);
```

【规则 63】switch 语句中必须有 default 分支。

```
例如：
    switch（i）
     {
    case 1：
       …；
       break；
    case 2：
       …；
       break；
    default ：
       break；
     }
```

【规则 64】每个 case 语句的结尾不要忘了加 break，否则将导致多个分支重叠(除非有意使多个分支重叠)。

5. 循环语句

【规则 65】在多重循环中，如果有可能，应当将最长的循环放在最内层，最短的循环放在最外层，以减少 CPU 跨切循环层的次数。

如：下面例 4(b)的效率比例 4(a)的高。

```for（row=0；row<100；row++）{ for（col=0；col<5；col++） { sum=sum + a[row][col]； }}```	```for（col=0；col<5；col++）{ for（row=0；row<100；row++） { sum=sum + a[row][col]； }}```

例 4（a）　低效率:长循环在最外层　　　　例 4(b)　高效率:长循环在最内层

【规则 66】如果循环体内存在逻辑判断，并且循环次数很大，宜将逻辑判断移到循环体的外面。

如：例 5(a)的程序比例 5(b)多执行了 $N-1$ 次逻辑判断。并且由于前者总是需要进行逻辑判断，打断了循环"流水线"作业，使得编译器不能对循环进行优化处理，降低了效率。如果 N 非常大，最好采用例 5(b)的写法，可以提高效率。如果 N 非常小，两者效率差别并不明显，采用例 5(a)的写法比较好，因为程序更加简洁。

```
for (i=0; i<N; i++)
{
    if (condition)
        DoSomething();
    else
        DoOtherthing();
}
```

```
if (condition)
{
    for (i=0; i<N; i++)
        DoSomething();
}
else
{
    for (i=0; i<N; i++)
        DoOtherthing();
}
```

例 5(a)　效率低但程序简洁　　　　　　例 5(b)　效率高但程序不简洁

【规则 67】不可在 for 循环体内修改循环变量,防止 for 循环失去控制。

【建议 13】建议 for 语句的循环控制变量的取值采用"半开半闭区间"写法。

如:例 6(a)中 x 值属于半开半闭区间"0 =< x < N",起点到终点的间隔为 N,循环次数为 N。例 6(b)中的 x 值属于闭区间"0 =< x <= N−1",起点到终点的间隔为 N−1,循环次数为 N。相比之下,例 6(a)的写法更加直观,尽管两者的功能是相同的。

```
for (int x=0; x<N; x++)
{
    ...
}
```

```
for (int x=0; x<=N−1; x++)
{
    ...
}
```

例 6(a)　循环变量属于半开半闭区间　　　例 6(b)　循环变量属于闭区间

6. 常量

【规则 68】静态变量使用时使用"类名::变量名"的方法来调用。

【规则 69】尽量使用含义直观的常量来表示那些将在程序中多次出现的数字或字符串。

【规则 70】在 C++程序中只使用 const 常量而不使用宏常量,即 const 常量完全取代宏常量,const 有类型的检查而宏没有。

【规则 71】常量定义的位置。需要对外公开的常量放在头文件中,不需要对外公开的常量放在定义文件的头部。为便于管理,可以把不同模块的常量集中存放在一个公共的头文件中。

【规则 72】常量意义要明确。如果某一常量与其他常量密切相关,应在定义中包含这种关系,而不应给出一些孤立的值。

```
例如:
    const  float   RADIUS =100;
    const  float   DIAMETER=RADIUS * 2; // 不要写成 DIAMETER=200;
```

7. 类中的常量

有时我们希望某些常量只在类中有效。由于♯define 定义的宏常量是全局的,不能达到目的,于是想当然地觉得应该用 const 修饰数据成员来实现。const 数据成员的确是存在的,但其含义却不是我们所期望的。const 数据成员只在某个对象生存期内是常量,而对于整个类而言却是可变的,因为类可以创建多个对象,不同的对象其 const 数据成员的值可以不同。

不能在类声明中初始化 const 数据成员。以下用法是错误的,因为类的对象未被创建时,编译器不知道 SIZE 的值是什么。

```
class A
{…
    onst int SIZE =100;     //错误,企图在类声明中初始化 const 数据成员
    int array[SIZE];        // 错误,未知的 SIZE
};
```

const 数据成员的初始化只能在类构造函数的初始化表中进行。

```
例如:
    class A
    {…
    A(int size);        // 构造函数
      const int SIZE ;
    };
    A::A(int size) : SIZE(size)// 构造函数的初始化表
    {
        …
    }
    A   a(100);   // 对象 a 的 SIZE 值为 100
    A   b(200);   // 对象 b 的 SIZE 值为 200
```

怎样才能建立在整个类中都恒定的常量呢? 别指望 const 数据成员了,应该用类中的枚举常量来实现。

```
例如:
    class A
    {…
    enum { SIZE1 =100, SIZE2=200};// 枚举常量
        int array1[SIZE1];
    int array2[SIZE2];
    };
```

枚举常量不会占用对象的存储空间，它们在编译时被全部求值。枚举常量的缺点是：它的隐含数据类型是整数，其最大值有限，且不能表示浮点数（如 PI＝3.141 59）。

8. 函数

（1）参数。

【规则 73】参数的书写要完整，在函数定义的地方，不要只写参数的类型而省略参数名字，如果函数没有参数，则用 void 填充。

例如：

```
void SetValue(int width, int height);     // 良好的风格
void SetValue(int, int);                   // 不良的风格
float GetValue(void);       // 良好的风格
float GetValue();               // 不良的风格
```

【规则 74】参数命名要恰当，顺序要合理，一般地，应将目的参数放在前面，源参数放在后面。

假设编写字符串拷贝函数 StringCopy，它有两个参数。如果把参数名字起为 str1 和 str2，例如：

```
void StringCopy(char * str1, char * str2);
```

那么我们很难搞清楚究竟是把 str1 拷贝到 str2 中，还是刚好倒过来。我们可以把参数名字起得更有意义，如叫 strSource 和 strDestination，这样从名字上就可以看出应该把 strSource 拷贝到 strDestination。

还有这两个参数的前后顺序问题。参数的顺序要遵循程序员的习惯。**一般地，应将目的参数放在前面，源参数放在后面。**

如果将函数声明为：

```
void StringCopy(char * strSource, char * strDestination);
```

别人在使用时可能会不假思索地写成如下形式：

```
char str[20];
StringCopy(str, "Hello World");        // 参数顺序颠倒
```

【规则 75】指针入参。 如参数是指针，且仅作输入用，则应在类型前加 const，以防止该指针在函数体内被意外修改。

例如：

```
void StringCopy(char * strDestination, const char * strSource);
```

【规则 76】值传递对象。 如果输入参数以值传递的方式传递对象，则宜改用"const &"方式来传递，这样可以省去临时对象的构造和析构过程，从而提高效率。

【规则 77】输入参数。 对于非基本数据类型的输入参数，应该将"值传递"的方式改为"const 引用传递"，目的是提高效率；对于基本数据类型的输入参数，不要将"值传递"的方式改为"const 引用传递"。

【建议 14】避免函数有太多的参数,参数个数尽量控制在五个以内。如果参数太多,在使用时容易将参数类型或顺序搞错。

【建议 15】尽量不要使用类型和数目不确定的参数。

C 标准库函数 printf 是采用不确定参数的典型代表,其原型为:

```
int printf(const chat * format[, argument]…);
```

这种风格的函数在编译时丧失了严格的类型安全检查。

(2)返回值。

【规则 78】不要省略返回值的类型。

C 语言中,凡不加类型说明的函数,一律自动按整型处理,这样做不会有什么好处,却容易被误解为 void 类型。

C++语言有很严格的类型安全检查,不允许上述情况发生。由于 C++程序可以调用 C 函数,为了避免混乱,规定任何 C++/C 函数都必须有类型,如果函数没有返回值,那么应声明为 void 类型。

【规则 79】函数名字与返回值类型在语义上不可冲突。

违反这条规则的典型代表是 C 标准库函数 getchar。

```
例如:
    char c;
    c=getchar();
    if (c == EOF)
    …
```

按照 getchar 名字的意思,将变量 c 声明为 char 类型是很自然的事情。但 getchar 的确不是 char 类型,而是 int 类型,其原型如下:

```
int getchar(void);
```

由于 c 是 char 类型,取值范围是[−128,127],如果宏 EOF 的值在 char 的取值范围之外,那么 if 语句将总是失败,这种"危险"通常难以预料! 导致本例错误的责任并不在用户,是函数 getchar 误导了使用者。

【规则 80】不要将正常值和错误标志混在一起返回。正常值用输出参数获得,而错误标志用 return 语句返回。

回顾上例,C 标准库函数的设计者为什么要将 getchar 声明为令人迷糊的 int 类型呢? 我们可以分析一下。

在正常情况下,getchar 的确返回单个字符。但如果 getchar 碰到文件结束标志或发生读错误,它必须返回一个标志 EOF。为了区别于正常的字符,只好将 EOF 定义为负数(通常为−1)。因此函数 getchar 就成了 int 类型。

我们在实际工作中,经常会碰到上述令人为难的问题。为了避免出现误解,我们应该将正常值和错误标志分开。即:正常值用输出参数获得,而错误标志用 return 语句返回。

函数 getchar 可以改写成 BOOL GetChar(char * c);

虽然 gechar 比 GetChar 灵活,例如 putchar(getchar());但是如果 getchar 用错了,它的灵活性又有什么用呢?

【建议 16】有时候函数原本不需要返回值,但为了增加灵活性,如支持链式表达,可以附加返回值。

例如:

字符串拷贝函数 strcpy 的原型:

char * strcpy(char * strDest,const char * strSrc);

---

strcpy 函数将 strSrc 拷贝至输出参数 strDest 中,同时函数的返回值又是 strDest。这样做并非多此一举,可以获得如下灵活性:

```
char str[20];
length＝strlen( strcpy(str，"Hello World") );
```

【建议 17】如果函数的返回值是一个对象,有些场合用"引用传递"替换"值传递"可以提高效率,而有些场合只能用"值传递"而不能用"引用传递",否则会出错。

例如:

```
class String
{…// 赋值函数
   String & operate＝(const String &other);
   // 相加函数,如果没有 friend 修饰则只许有一个右侧参数
   friend String operate＋( const String &s1, const String &s2);
private:
   char * m_data;
}
```

String 的赋值函数 operate＝的实现如下:

```
String & String::operate＝(const String &other)
{   if (this == &other)
        return * this;
   delete m_data;
   m_data＝new char[strlen(other. data)＋1];
   strcpy(m_data, other. data);
   return * this;// 返回的是 * this 的引用,无须拷贝过程
}
```

对于赋值函数，应当用"引用传递"的方式返回 String 对象。如果用"值传递"的方式，虽然功能仍然正确，但由于 return 语句要把 * this 拷贝到保存返回值的外部存储单元之中，增加了不必要的开销，降低了赋值函数的效率。

```
例如：
    String a,b,c;
    ...
    a＝b;      // 如果用"值传递"，将产生一次 * this 拷贝
    a＝b＝c; // 如果用"值传递"，将产生两次 * this 拷贝
    StrString 的相加函数 operate ＋ 的实现如下：
    String   operate＋(const String ＆s1, const String ＆s2)
    ｛
    String temp;
    delete temp. data;// temp. data 是仅含'\0'的字符串
    temp. data＝new char[strlen(s1. data) ＋ strlen(s2. data) ＋1];
    strcpy(temp. data, s1. data);
    strcat(temp. data, s2. data);
    return temp;
    ｝
```

对于相加函数，应当用"值传递"的方式返回 String 对象。如果改用"引用传递"，那么函数返回值是一个指向局部对象 temp 的"引用"。由于 temp 在函数结束时被自动销毁，将导致返回的"引用"无效。例如：

$$c＝a＋b$$

此时，a＋b 并不返回期望值，c 什么也得不到，留下了隐患。

（3）函数内部实现。

不同功能的函数其内部实现各不相同，看起来似乎无法就"内部实现"达成一致的观点，但可以在函数体的"入口处"和"出口处"从严把关，从而提高函数的质量。

【规则 81】在函数体的"入口处"，对参数的有效性进行检查。

很多程序错误是由非法参数引起的，我们应该充分理解并正确使用"断言"（assert）来防止此类错误。

【规则 82】在函数体的"出口处"，对 return 语句的正确性和效率进行检查。

如果函数有返回值，那么函数的"出口处"是 return 语句。我们不要轻视 return 语句，如果 return 语句写得不好，函数要么出错，要么效率低下。

注意事项如下：

· return 语句不可返回指向"栈内存"的"指针"或者"引用"，因为该内存在函数体结束时被自动销毁。

例如：

```
char *  Func(void)
{
  char str[]="hello world";   // str 的内存位于栈上
  ...
  return str;            // 将导致错误
}
```

- 要搞清楚返回的究竟是"值""指针"还是"引用"。
- 如果函数返回值是一个对象，要考虑 return 语句的效率。例如：

$$return\ String(s1 + s2);$$

这是临时对象的语法，表示"创建一个临时对象并返回它"。不要以为它与"先创建一个局部对象 temp 并返回它的结果"是等价的，如：

```
String temp(s1 + s2);
return temp;
```

实质不然，上述代码将发生三件事。首先，temp 对象被创建，同时完成初始化；然后拷贝构造函数把 temp 拷贝到保存返回值的外部存储单元中；最后，temp 在函数结束时被销毁（调用析构函数）。然而"创建一个临时对象并返回它"的过程是不同的，编译器直接把临时对象创建并初始化在外部存储单元中，省去了拷贝和析构的花费，提高了效率。

类似地，我们不要将

```
return int(x+y);// 创建一个临时变量并返回它
```

写成

```
int temp= x+y;
return temp;
```

由于内部数据类型如 int、float、double 的变量不存在构造函数与析构函数，虽然该"临时变量的语法"不会提高多少效率，但是程序更加简洁易读。

（4）构造函数、析构函数与赋值函数。

【规则 83】初始化表。非基本数据类型的成员对象应当采用初始化表的方式初始化，以获取更高的效率。

【规则 84】赋值和拷贝构造函数。如果不打算使用类的赋值函数和拷贝构造函数，那么将这两个函数声明为 private 成员，并且不提供这两个函数的实现，明确拒绝编译器自动生成这两个函数。

【规则 85】析构函数

如果打算从一个类派生出子类，那么将这个类的析构函数声明为 virtual。

【规则 86】赋值函数

类的赋值函数应按下列步骤实现。

- 检查自赋值。实际程序中不会有类似 a＝a，但是间接的自赋值仍有可能出现。

- 用 delete 释放原有的内存资源。

- 分配新的内存资源,并复制字符串。

- 返回本对象的引用,目的是为了实现像 a＝b＝c 这样的链式表达。注意不要将 return ＊this 错写成 return this。

(5)重载。

【规则 87】不能重载 C＋＋基本数据类型(如 int,float 等)的运算符。

【规则 88】不能重载".",因为"."在类中对任何成员都有意义,已经成为标准用法。

【规则 89】不能重载目前 C＋＋运算符集合中没有的符号,如♯、@、$ 等。

【规则 90】对已经存在的运算符进行重载时,不能改变优先级规则,否则将引起混乱。

(6)使用断言。

程序一般分为 Debug 版本和 Release 版本,Debug 版本用于内部调试,Release 版本发行给用户使用。

断言 assert 是仅在 Debug 版本起作用的宏,它用于检查"不应该"发生的情况。例 7 是一个内存复制函数。在运行过程中,如果 assert 的参数为假,那么程序就会中止(一般还会出现提示对话,说明在什么地方引发了 assert)。

```
void    ＊memcpy(void＊pvTo, const void＊pvFrom, size_t size)
{
  assert((pvTo！＝NULL)＆＆(pvFrom！＝NULL)); // 使用断言
  byte＊pbTo＝(byte＊)pvTo;      // 防止改变  pvTo 的地址
  byte＊pbFrom＝(byte＊)pvFrom;// 防止改变 pvFrom 的地址
  while(size－－＞0)
    ＊pbTo＋＋＝＊pbFrom＋＋;
  return pvTo;
}
```

例 7 复制不重叠的内存块

assert 不是一个仓促拼凑起来的宏。为了不在程序的 Debug 版本和 Release 版本引起差别,assert 不应该产生任何副作用,所以 assert 不是函数,而是宏。程序员可以把 assert 看成一个在任何系统状态下都可以安全使用的无害测试手段。**如果程序在 assert 处终止了,并不是说含有该 assert 的函数有错误,而是调用者出了差错,assert 可以帮助我们找到发生错误的原因。**

在加入 assert 的地方要写下完整的注释。

【规则 91】正确区分非法与错误。使用断言捕捉非法情况。不要混淆非法情况与错误情况之间的区别,后者是必然存在的并且是一定要做出处理的。

【规则 92】断言使用时机。对于系统内部使用函数,在函数的入口处,使用断言检查参数的有效性(合法性)。对于开放给用户使用的函数,在函数的入口处,采用错误处理机制检查参数的有效性。

【建议 18】在编写函数时,要进行反复考查,并且自问:"我打算做哪些假定?"一旦确定了假定,就要使用断言对假定进行检查。

【建议 19】一般教科书都鼓励程序员们进行防错设计,但要记住这种编程风格可能会隐瞒错误。当进行防错设计时,如果"不可能发生"的事情的确发生了,则要使用断言进行报警。

(7)其他。

【建议 20】函数的功能要单一,不要设计多用途的函数。

【建议 21】函数体的规模要小,尽量控制在 50 行代码之内。

【建议 22】尽量避免函数带有"记忆"功能。相同的输入应当产生相同的输出。

带有"记忆"功能的函数,其行为可能是不可预测的,因为它的行为可能取决于某种"记忆状态"。这样的函数既不易理解又不利于测试和维护。在 C/C++语言中,函数的 static 局部变量是函数的"记忆"存储器。建议尽量少用 static 局部变量,除非必需。

【建议 23】不仅要检查输入参数的有效性,还要检查通过其他途径进入函数体内的变量的有效性,例如全局变量、文件句柄等。

【建议 24】用于出错处理的返回值一定要清楚,让使用者不容易忽视或误解错误情况。

9. 内存管理

【规则 93】申请内存后要检查。用 malloc 或 new 申请内存之后,应该立即检查指针值是否为 NULL。防止使用指针值为 NULL 的内存。

【规则 94】数组赋初值。不要忘记为数组和动态内存赋初值。防止将未被初始化的内存作为右值使用。

【规则 95】及时释放内存。动态内存的申请与释放必须配对,防止内存泄露。

【规则 96】防止"野指针"。用 free 或 delete 释放了内存之后,立即将指针设置为 NULL,防止产生"野指针"。

【规则 97】指针不指向常量数组。避免使用指针指向常量数组,特别对于 char 类型来说。

【规则 98】释放数组。在用 delete 释放对象数组时,留意不要丢了符号"[]"。

10. 类

【规则 99】若在逻辑上 B 是 A 的"一种",并且 A 的所有功能和属性对 B 而言都有意义,则允许 B 继承 A 的功能和属性。

例如,男人(Man)是人(Human)的一种,男孩(Boy)是男人的一种,那么类 Man 可以从类 Human 派生,类 Boy 可以从类 Man 派生。

```
class Human
{
    …
};
class Man : public Human
{
    …
};
class Boy : public Man
{
    …
};
```

【规则 100】如果类 A 和类 B 毫不相关,不可以为了使 B 的功能更多一些而让 B 继承 A 的功能和属性。

【规则 101】若在逻辑上 A 是 B 的"一部分"(a part of),则不允许 B 从 A 派生,而是要用 A 和其他东西组合出 B。

例如:眼(Eye)、鼻(Nose)、口(Mouth)、耳(Ear)是头(Head)的一部分,所以类 Head 应该由类 Eye、Nose、Mouth、Ear 组合而成,不是派生而成,如下所示。

```
class Eye
{
  public:
    void  Look(void);
};
```

```
class Nose
{
  public:
    void  Smell(void);
};
```

```
class Mouth
{
  public:
    void  Eat(void);
};
```

```
class Ear
{
  public:
    void  Listen(void);
};
```

```
// 正确的设计,虽然代码冗长。
class Head
{
  public:
        void   Look(void)   {   m_eye. Look();   }
        void   Smell(void)   {   m_nose. Smell();   }
        void   Eat(void)   {   m_mouth. Eat();   }
        void   Listen(void)   {   m_ear. Listen();   }
private:
        Eye   m_eye;
        Nose   m_nose;
        Mouth   m_mouth;
        Ear   m_ear;
};
```

如果允许 Head 从 Eye、Nose、Mouth、Ear 派生而成,那么 Head 将自动具有看(Look)、闻 (Smell)、吃(Eat)、听(Listen)这些功能。下例十分简短并且运行正确,但是这种设计方法却是不对的。

```
// 功能正确并且代码简洁,但是设计方法不对。
class Head : public Eye, public Nose, public Mouth, public Ear
{
};
```

很多程序员经不起"继承"的诱惑而犯下设计错误。"运行正确"的程序不见得是高质量的程序,此处就是一个例证。

五、可移植性

【建议 25】尽可能遵循相应编程语言的标准。

C++遵循 ISO/IEC 14882－1998 标准,C 遵循 ANSI C 标准。

【建议 26】首先编写可移植的代码,需要时再考虑优化问题。

【规则 102】将依赖平台的代码和不依赖平台的代码组织到不同的源文件中。

【建议 27】避免使用硬编码数字常量。

【建议 28】在一开始就注意与平台相关的细节,如路径的写法、文件名的大小写等。

六、提高程序的效率

程序的时间效率是指运行速度,空间效率是指程序占用内存或者外存的状况。

全局效率是指站在整个系统角度上考虑的效率,局部效率是指站在模块或函数角度上考虑的效率。

【规则 103】不要一味地追求程序的效率,应当在满足正确性、可靠性、健壮性、可读性等质量因素的前提下,设法提高程序的效率。

【规则 104】以提高程序的全局效率为主,提高局部效率为辅。

【规则 105】先优化数据结构和算法,再优化执行代码。在优化程序的效率时,应当先找出限制效率的"瓶颈",不要在无关紧要之处优化。

【规则 106】有时候时间效率和空间效率可能对立,此时应当分析哪个更重要,作出适当的折中。例如多花费一些内存来提高性能。

【规则 107】不要追求紧凑的代码,因为紧凑的代码并不能产生高效的机器码。

【建议 29】当心那些视觉上不易分辨的操作符发生书写错误。

我们经常会把"=="误写成"=",像"||""&&""<="">="这类符号也很容易发生"丢1"失误,然而编译器却不一定能自动指出这类错误。

【建议 30】变量(指针、数组)被创建之后应当及时把它们初始化,以防止把未被初始化的变量当成右值使用。

【建议 31】当心变量发生上溢或下溢,数组的下标越界。

【建议 32】当心忘记编写错误处理程序,当心错误处理程序本身有误。

【建议 33】避免编写技巧性很高的代码。

【建议 34】不要设计面面俱到、非常灵活的数据结构。

【建议 35】如果原有的代码质量比较好,尽量复用它,但是不要修补很差劲的代码,应当重新编写。

【建议 36】尽量使用标准库函数,不要"发明"已经存在的库函数。

【建议 37】尽量不要使用与具体硬件或软件环境关系密切的变量。

【建议 38】把编译器的选择项设置为最严格状态。

【建议 39】如果可能的话,使用 PC-Lint、LogiScope 等工具进行代码审查。

【建议 40】为了使类的成员变量与函数中的普通变量相区别,建议采用 Windows 的规范,在类的成员变量前面增加"m_"前缀。

【建议 41】建议将比较短的类成员函数()声明为"inline"类型,以增加效率。

附件 2　优秀程序员的基本修炼

一、准确理解语言

1.计算机语言的实质是什么

(1)是一种"语言",但只限于与计算机交流。

(2)是一种约定(和任何一种语言一样)。

(3)具有许多与"自然语言"类似的特性:

·必须遵守约定。

·与环境有关(开发工具、应用环境)。

2. 为什么要准确理解计算机语言

（1）我们的交流对象－计算机－很"笨"。

（2）计算机永远都相信"人"是对的，它不会纠正人的错误。

（3）计算机只能按照"约定"理解计算机程序。

（4）如果我们期望计算机做我们期望的事情，就必须正确地理解计算机语言，并准确地描述"要计算机做的事情"。

3. 怎样才能准确理解计算机语言

（1）认真阅读相关说明，如命令的说明、函数的说明、类的说明等。

（2）仔细揣摩每条"命令"的作用和结果。

（3）通过大量实践加深记忆和理解。

（4）不断学习和积累计算机基础知识（计算机组成原理、操作系统、编译原理、数据结构、数据库原理等），使得我们对命令的理解到位。

（5）阶段性地"反刍"，系统理解和掌握语言。

（6）充分利用随机资料，认真学习开发环境有关的知识。

4. 如何避免计算机误解你写的程序

（1）准确理解语言是正确运用的前提。

（2）不断精炼你的思想（算法），清晰的思路是正确表达的保证。

（3）采用合适的命令表达思想。

（4）采用简单的语句表达复杂的逻辑。

（5）采用与自然思维一致的方式写程序（程序是你思想的准确反映）。

（6）准确理解各种数据类型，使用恰当的数据类型。

（7）程序间不要隐含不确定的假设。

二、编程规范化

1. 编程为什么要规范

（1）编程就是用某种计算机语言表达人的思想。

（2）人容易犯错误：思想不清晰、表达错误、语言功力不够。

（3）程序的错误都是人犯的错误。

（4）规范化能够有效地降低人为犯错误的概率，提高产品质量。

（5）规范化有利于提高编程效率。

（6）规范化有利于检查和验证。

还有更多的好处……

总之，规范化能够提高我们的专业水平，保证重复成功率！

2. 规范化编程包括哪些内容

(1)形式规范化:对齐、缩进;空行;注释的样式和顺序;函数体的大小。

(2)内容规范化:①命名正规一致,如函数名、变量名、常量等;或可读性、长度、一致性。②层次清晰有序。③语法简洁易懂。④含义准确无误。

(3)规范化编程六字口诀:对称、一致、协调。

3. 规范化编程六招

(1)格式:层次清晰。

· 利用"空行""缩进"明显区分不同的部分。

· 利用"对齐"使程序层次清晰。

(2)结构:简单明了。

· 程序结构简单。

· 使用合适简洁的控制结构。

· 有关联性的变量写在一起。

· 顺序相关的语句或语句块按照顺序写,并标上顺序号。

· 函数的入口和出口要保持统一。

· 慎用 goto 指令,goto 指令只用在特定的程序结构中。

(3)注释:完整准确。注释可以看成是详细设计的一部分,因此应该包括下列基本内容:

· 函数的"功能、参数、返回、说明"。

· 函数体中不同语句块的作用和执行顺序。

· 算法说明。

· 变量说明(初次使用的含义没有固定的变量)。

· 常量说明(含义容易误解或不易回想起来的常量)。

(4)命名:统一规范。命名要统一、规范,这有助于提高程序的可读性和调试改错的效率。

· 命名一般采用"匈牙利"命名法,即"动—宾"结构命名法。

· 全局变量:大写字母开头、大小数字混合使用,大写区分不同部分。

· 局部变量:小写字母开头、大小数字混合使用,大写区分不同部分。

· 宏定义的常量:全部使用大写字母和数字。

· 自定义数据类型:全部使用大写字母和数字。

· 类的成员变量:m_开头。

· 函数名(包括类的成员函数):易分类、简短易读。

· 遵守"约定俗成",如 IPaddress(IP 地址),osVersion(操作系统版本)。

· 名称简化:一般采用辅音字母法或重音法。

规范化命名示例:

```
//{{通用函数 db_SQLSv.cpp
int        WINAPI   SQL_GetDispODBCErr(HSTMT hstmt);
short      WINAPI   SQL_DropTrigger(HDBC hdbc,char* owner,char* name);
short      WINAPI   SQL_DropTable(HDBC hdbc,char* owner,char* name);
BOOL       WINAPI   SQL_IsTableExist(HDBC hdbc,char* owner,char* name);
short      WINAPI   SQL_SetIdentityInsertFlag(HDBC hdbc,char* name,char isOnOff);
short      WINAPI   SQL_HasSelectIntoBulkcopyFlag(HDBC hdbc);
short      WINAPI   SQL_SetSelectIntoBulkcopyFlag(HDBC hdbc,char isOnOff);
short      WINAPI   SQL_SetNetWorkPacket(HDBC hdbc,int nSize);
//}}
//{{通用函数 odbc_SQLSv_db_global.cpp
short      WINAPI   SQL_DropDBFile(HDBC hdbc,char* fname,short ftype);
//}}
```

(5)语法:无歧义、易理解。

· 准确理解用到的"语法规则",绝对不能想当然。

· 使用简单的语法、不用复杂的语法。

· 使用简单语句、不用复合语句。

· 使用()区分表达式的不同组成部分和优先级。

· 使用{ }标识密切相关的语句块。

(6)函数调用:理解含义、参数一致。

· 准确理解函数,包括:功能、返回值的含义、对参数的要求(参数的类型,是输入参数、还是输出参数)、内存、文件、句柄等资源使用情况。

· 正确调用函数,做到:正确传递参数、正确使用返回值、正确释放函数调用中分配的资源(如:内存、文件、句柄等)。

4. 不规范编程示例

```
a= 5+ (c= 6);     //使用了复合语句
a= (b= 4)+ (c= 6);
a= (b= 10)/(c= 2);
b= a+ + ;     //使用了复合语句
c= + + a;
typedef  double  area,volume;  //命名不规范
typedef  int  natural;
```

5.规范化编程示例(函数说明)

```
//功能:任意整型数组排序
//参数:ptArr—[in,out]排序数组的起始地址
//      num—[in]ptArr所指数组中的元素个数
//返回:ptArr中的元素没有调整 返回0,否则返回1
//说明:(1)按照从小到大排序;
//      (2)排序算法:若相邻两个元素左边大于右边,则交换
//          若从第1个元素到最后一个元素都不需要交换,
//          则排序算法结束
Int   sortInt( int  * ptArr,  int num)
{
//在此处编写代码
}
```

三、单步跟踪调试

1.为什么要跟踪调试程序

(1)什么是跟踪调试?

跟踪调试就是逐行运行程序,完成下列任务:

· 逐行阅读程序。

· 对照需求和设计逐行检查程序(语法、参数、运行结果等)。

· 修改程序错误。

· 整理程序(格式、规范、注释等)。

· 优化程序(易读、高效、简洁)。

(2)跟踪调试的目的是什么?

· 跟踪调试的目的是提高"软件质量"。

(3)谁负责跟踪调试程序,为什么?

程序员负责跟踪调试,因为:

· 程序员编写程序,最理解程序的功能和设计要求。

· 某些情况下,出于原码保密的要求,只能由程序员调试。

· 在团队成员能力参差不齐的情况下,可由高级程序员帮助初级程序员调试。

(4)调试和测试有什么区别?

· 测试是依据标准检验程序,以得出程序是否符合质量的结论。

· 调试是软件开发的一个过程,是将程序从"毛坯"逐步加工、打磨直到符合质量要求的产品的过程,是一个精益求精的过程。

· 调试与"白盒测试"相似,要求相近。

· 调试与"单元测试"往往同时进行。

- 调试是一个不断递归、不断收敛的过程,所以调试过程充满了"重构"的过程。

(5)为什么测试不能替代调试?

- 测试强调"检测"和"试验"以便确认软件产品是否符合标准或要求,是检验。
- 调试强调"调整"和"试验",边调整边试验,使软件逐步达到正确,是调优。
- 测试不能穷尽程序运行的每种情况和每个分支,所以不能确认所有细节是否都正确。
- 调试可以由程序员根据语句执行结果推理确认测试不能覆盖的情况,修改打磨每一条语句。
- 软件开发既是科学,又是艺术,所以必须像艺术创作一样反复审视和调整才能创作出精品。

(6)为什么跟踪调试必须覆盖每条语句?

- 程序的质量取决于"程序的架构"和"组成程序的每一条语句"。
- 只有每条语句都达到质量要求,更高级别的程序部件(如语句块、函数、类、模块、组件等)才可能达到质量要求。
- "细节决定成败"。

2. 跟踪调试要关注哪些内容

(1)程序的规范性包括结构、命名、注释、排列。

(2)语法的准确性包括数据类型、语法、函数参数、函数返回值。

(3)算法的正确性包括过程(步骤)正确、逻辑完备、状态转换清晰正确、计算精度符合要求、资源(内存、句柄等)不浪费。

(4)逻辑的完整性包括逻辑上没有"漏洞"、不同的分支处理"平衡一致"。

(5)顺序的有效性为语句顺序符合"越近关联性越强、越远越弱"的原则;语句顺序符合"资源最佳利用"的原则,资源包括内存、时间等;语句顺序具有前后关联性。

(6)结构的对称性(静态结构和动态结构)包括括号对称、功能对称、调用对称、在同一级别上对称。

(7)关联的最小化(常量关联、命名关联、语意关联等)应尽量消除各种关联性,包括常量关联性、命名关联性、语意关联性、顺序关联性、函数调用关联性。

3. 程序调试的过程、方法和技巧

(1)过程:编辑修改程序,然后分段调试。

(2)方法:使用热键 F7、F5、Shift＋F5、F10、F11 的组合实现快速调试。例如:

```
F7:编译程序
F5:开始调试程序、运行程序直到"断点"
Shift+ F5:结束程序
F10:Step into
F11:Step over
```

(3)技巧:逐段清理调试、观察变量和返回结果、修改变量值。

四、良好的程序结构（架构）

1. 什么是好的程序

- 正确（Correct）
- 高效（Efficient）
- 可靠（Reliable）
- 易读（Easy to read）
- 可维护（Maintainable）
- 可重用（Re-usable）
- 可移植（Portable）
- ……

2. 为什么要关注程序结构

（1）程序结构犹如建筑物的结构，结构不同承载力不同、稳定性也不同。
（2）程序结构微观叫结构，宏观叫架构；宏观取决于设计，微观取决于编码。
（3）良好的程序结构容易理解，便于代码重构和优化。

3. 什么是良好的程序结构（架构）

（1）宏观层次清晰、各层功能定位明确（B/S 架构、三层架构、多层架构）。
（2）层次间或者模块间关系简单。
（3）从整体看或者从局部看都具有顺序、选择、循环的基本特点。
（4）无论是功能调用（读/写、请求/返回）或者资源的使用都体现出平衡性或对称性。
（5）函数应具有单入口、单出口的性质。

五、清理和优化程序

1. 为什么要清理和优化程序

（1）程序是思想的体现，清理程序就是清理思想（算法）。
（2）程序是一套完整的逻辑，清理程序就是在清理逻辑。
（3）清理程序就是要使得程序简洁、准确、最优。
（4）清理和优化程序是消除软件错误、提高软件质量的重要方法。

2. 清理和优化程序要做些什么

清理和优化程序需要逐行阅读程序，并完成下列任务：
（1）检查语法是否符合规则。
（2）规范命名（全局变量、局部变量、成员变量、宏定义等）。

（3）规范格式（括号对齐、语句对齐、增加空行等）。

（4）检查程序结构。

（5）检查语句的执行顺序、对称性。

（6）检查逻辑是否有问题。

（7）添加/修改注释。

3. 如何清理和优化程序

（1）分块清理：分块清理命名、注释、格式等。

（2）循环优化：调试→优化（改正错误、优化顺序、消除错误等）→再调试→再优化→直到完全符合"要求"。